はじめに

　今回，映像を利用して中学数学全体をお話しする機会を頂いたことから，学年ごと項目別に丁寧に解説したいと考えました。
　そこで，算数復習編（1冊），中学1年（4冊），中学2年（4冊），中学3年（4冊），中学1～3年（1冊）の計14冊に分け基本を徹底的にお話ししたいと，今回テキストを作成した次第です。
　そして，このテキストの最大の特徴は，私が恩師とあおぐ数学教育者，渡辺次男（なべつぐ）氏が提唱したノートの利用法を復活させたことです（詳しくは，目次のあとの利用方法をご参照ください！）。よって，

　　　　「（愚直に）できるまで何度も繰り返し問題を丁寧に解く！」

これだけを守っていただければ，数学に対する苦手意識は必ずなくなります。
　また，中学数学は数学の基本であり高校数学への助走でもあります。それゆえ，目次をご覧になっていただければおわかりのように，ここでシッカリと基礎を固めてしまいましょう！
　では，早速，中学数学へ入る前の準備段階として小学校6年間での大切な部分に関し，一緒にその復習を始めることからスタートです。

高橋一雄

目　次

復習1　四則計算の確認！

① たし算（和）の復習　4
　・繰り上がりのない計算　・1段繰り上がり計算　・2段以上繰り上がり計算
② ひき算（差）の復習　7
　・繰り下がりのない計算　・1段繰り下がり計算　・2段以上繰り下がり計算
③ かけ算（積）の復習　10
　・[自然数]×10, 100, 1000…　・1桁×2桁（2桁×1桁）　・1桁×3, 4桁
　・2桁×2, 3桁　・3桁×3, 4桁（4桁×4桁）
④ わり算（商）の復習　14
　・九九の確認　・2桁÷1桁　・3, 4桁÷1桁(i)　・3, 4桁÷1桁(ii)　・3, 4桁÷2桁
　・割り切れない（あまりが0でない）場合
⑤ わり算の総合演習　20
⑥ 四則計算の順番　21
　・和と差の混合計算　・積と商の混合計算　・和，差，積，商の混合計算　・カッコの計算
⑦ 「分配法則」と「計算の工夫」　24
　・分配法則　・計算の工夫

復習2　小数の四則計算

① たし算（和）の復習　25　　② ひき算（差）の復習　26　　③ かけ算（積）の復習　27
④ わり算（商）の復習　28　　・（小数）÷（整数）：i（大きい数）÷（小さい数）
　ⅱ（小さい数）÷（大きい数）　ⅲ：（商）と（あまり）
　・（整数）÷（整数）：i（大きい数）÷（小さい数）　ⅱ（小さい数）÷（大きい数）
　・（整数）÷（小数）　・（小数）÷（小数）　・（小数）÷（小数）＝（商）と（あまり）

復習3　素数と倍数と約数
① 素数　35　・素数とは？　・素因数分解とは？
② 倍数　36　・倍数とは？　・公倍数とは？　・最小公倍数（L.C.M.）とは？
③ 約数　37　・約数とは？　・公約数とは？　・最大公約数（G.C.M.）とは？

復習4　分数
① 分数のイメージ　38　・単位分数　・分数はわり算
② 分数の（分母）と（分子）に同じ数をかけても分数の大きさは変わらない　38
③ 分数に関する言葉の確認　38　(i)真分数　(ii)仮分数　(iii)帯分数　(iv)既約分数
④ 整数・小数を分数で表す　40
　　　・整数を分数で表す　・分母を1以外の分数で表す　・小数を分数で表す
⑤ 分数の和と差　41　・分母が同じ場合　・分母が違う場合　・整数（小数）と分数の場合
⑥ 分数の積　45　・分数同士の積　・整数と分数の積　・小数と分数の積
⑦ 分数の和，差，積の混合計算　47
⑧ 分数の商　48　・逆数とは？　・逆数の簡単な作り方（分数）　・整数（小数）÷分数
　　　・逆数の簡単な作り方（整数・小数）　・分数÷整数（小数）
⑨ 積と商の混合計算　50
⑩ 分数計算の総合演習　51

復習5　比
① 比とは？　52　　② 比例式　52　・比例式を解く　　③ 比例配分　54　　④ 比の値　55

復習6　割合
① 百分率（％）　56　・百分率（％）のイメージ　・％を使わない言葉に変換　・箱詰め法
② 歩合　58　・割，分，厘　・割合と歩合

復習7　平均
① 平均　60　　② 仮平均　60

復習8　単位
① 長さ　61　　② 面積　61　　③ 重さ　61　　④ 体積　61
⑤ "時間"と"速さ"と"距離"の関係　62

復習9　平面図形[面積]
① 三角形　64　・三角形　・正三角形　・二等辺三角形
② 四角形　64　・長方形　・正方形　・ひし形　・平行四辺形　・台形　・等脚台形　　③ 円　64

復習10　空間図形[体積と展開図]
① 三角柱　66　　② 四角柱　66　・直方体　・立方体　　③ 円柱　66

この本の使い方

　この本は、1970年代後半から1990年ごろまで、渡辺次男先生が提唱したノートの利用法を復活させたものです。渡辺次男先生は、かつて「数学の神様」と呼ばれた人で、「なべつぐ」と呼ばれて親しまれていました。なべつぐ先生が提唱したノートの利用法は、ノートに問題を書き写し、一問でも間違えたら上から紙を貼ってやり直すというものでした。今回、なべつぐ先生のノートの使い方を取り入れ、間違えたら紙を貼ってやり直す、「自分でぶ厚くするノート」を作りました。

　詳しくはビデオ講座の最初にも説明します！　これを繰り返すことで必ず実力はつきます。そして、問題と向き合う基本姿勢が、

「自信を持って間違える！」

　この間違えるごとに繰り返し貼り付けぶ厚くなったノートの厚みが、あなた自身が努力して身に着けた**知識の厚み**なんです！

自分でぶ厚くするノート

　一問でも間違えたら、下図のように"のりしろ"と書かれたところに白紙の紙の上側だけをのりで貼り付け、問題を写し解く。そして、間違えたら、また紙を貼って解く！　そして、全問正解になるまでこれをひたすら繰り返してください。

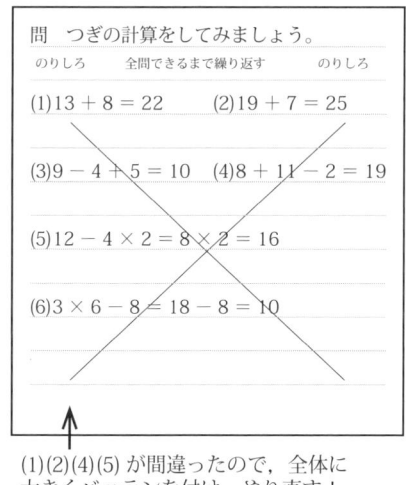

(1)(2)(4)(5)が間違ったので、全体に大きくバッテンを付け、やり直す！

紙を貼る→

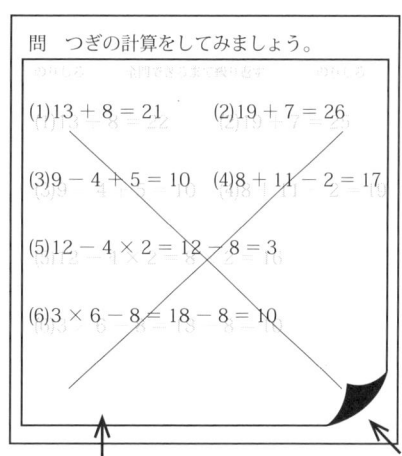

今度は(5)だけ間違えたので、やはり大きくバッテンをし、やり直す！

下の問題も見返せるように、のりづけはのりしろの部分だけ！

ビデオ講義について

（1）本書をテキストにした無料のビデオ講義を、「朝日学生新聞社の本」のウェブサイト、https://t.asahi.com/wnjz で受けられます。

（2）本書の絶版後、3年が経過した時には、順次動画の配信を停止します。

（3）標準的なパソコンであれば視聴可能ですが、古い型のパソコンや特殊な設定のパソコンでは再生できない場合があります。（判断がつきかねる場合は、まず上記サイトで動画が見られるかどうかご確認ください）。再生環境を整えるのは、お客さまの責任です。サポートはいたしません。

（4）保守・点検のために、予告なしに一時的に配信を中断することがあります。

YouTubeでも配信中

動画はこちら

年　　月　　日（ 午前・午後 ）　時　　分

復習1　四則計算の確認！

① たし算（和）の復習

[たし算のタテ型筆算方法]

原則：上に桁数の大きな数，下に小さな数をおき，上下各位を合わせて，上と下の数をそれぞれ加える。

・繰り上がりのない計算：123 ＋ 245 ＝ 368

計算の流れ
① 一の位の計算：3 ＋ 5 ＝ 8
② 十の位の計算：2 ＋ 4 ＝ 6
③ 百の位の計算：1 ＋ 2 ＝ 3

各位の値が1桁だから，繰り上がりがないよね！

```
  百の位  十の位  一の位
     1      2      3
  ＋  2      4      5
     3      6      8
```

問1　つぎの計算をしてみましょう。

のりしろ　　　　　　　　　全問正しくできるまで，何回も紙を貼って繰り返してくださいね！　　　　　　　　のりしろ

(1) 12 ＋ 7 ＝　　　　　　(2) 37 ＋ 2 ＝　　　　　　(3) 91 ＋ 8 ＝

```
    1 2              3 7              9 1
  ＋   7           ＋   2           ＋   8
```

(4) 23 ＋ 51 ＝　　　　　 (5) 37 ＋ 42 ＝　　　　　(6) 82 ＋ 17 ＝

```
    2 3              3 7              8 2
  ＋ 5 1           ＋ 4 2           ＋ 1 7
```

(7) 125 ＋ 73 ＝　　　　　(8) 641 ＋ 57 ＝　　　　　(9) 825 ＋ 74 ＝

```
    1 2 5            6 4 1            8 2 5
  ＋   7 3         ＋   5 7         ＋   7 4
```

(10) 371 ＋ 1527 ＝　　　　(11) 3759 ＋ 4240 ＝　　　(12) 7025 ＋ 1974 ＝

```
    1 5 2 7          3 7 5 9          7 0 2 5
  ＋   3 7 1       ＋ 4 2 4 0       ＋ 1 9 7 4
```

- 1段繰り上がり計算：217 + 35 = 252

計算の流れ
① 一の位の計算：7 + 5 = 12（= 10 + 2）→ 2
　一の位の計算で10ができたから，十の位に1繰り上がる！
② 十の位の計算：1 + 3 + (1) = 5
③ 百の位の計算：2 + 0 = 2

```
     百の位  十の位  一の位
              ₁
       2     1    7
  +          3    5
  ─────────────────
       2     5    2
```

繰り上がりを示す数字は，好きな位置に書いてください。

問2　つぎの計算をしてみましょう。

のりしろ　　　　　　　　　全問正しくできるまで，何回も紙を貼って繰り返してくださいね！　　　　　　のりしろ

(1) 17 + 9 =

```
   1 7
 +   9
```

(2) 45 + 8 =

```
   4 5
 +   8
```

(3) 89 + 9 =

```
   8 9
 +   9
```

(4) 47 + 15 =

```
   4 7
 + 1 5
```

(5) 39 + 52 =

```
   3 9
 + 5 2
```

(6) 73 + 18 =

```
   7 3
 + 1 8
```

(7) 348 + 215 =

```
   3 4 8
 + 2 1 5
```

(8) 679 + 211 =

```
   6 7 9
 + 2 1 1
```

(9) 734 + 147 =

```
   7 3 4
 + 1 4 7
```

(10) 129 + 2453 =

```
   2 4 5 3
 +   1 2 9
```

(11) 4572 + 19 =

```
   4 5 7 2
 +     1 9
```

(12) 7263 + 527 =

```
   7 2 6 3
 +   5 2 7
```

(13) 2148 + 3523 =

```
   2 1 4 8
 + 3 5 2 3
```

(14) 7563 + 1219 =

```
   7 5 6 3
 + 1 2 1 9
```

(15) 5328 + 2456 =

```
   5 3 2 8
 + 2 4 5 6
```

- 2段以上繰り上がり計算：387 ＋ 14 ＝ 401

計算の流れ
① 一の位の計算：7 ＋ 4 ＝ 11（＝ 10 ＋ 1）
　一の位の計算で 10 ができたから，十の位に 1 繰り上がる！
② 十の位の計算：8 ＋ 1 ＋ (1) ＝ 10（＝ 10 ＋ 0）
　十の位の計算で 10 ができたから，百の位に 1 繰り上がる！
③ 百の位の計算：3 ＋ 0 ＋ (1) ＝ 4

```
  百の位 十の位 一の位
     3¹    8¹    7
  ＋        1    4
  ─────────────────
     4     0    1
```

問3　つぎの計算をしてみましょう。

(1) 97 ＋ 8 ＝

```
    9 7
  ＋  8
```

(2) 85 ＋ 16 ＝

```
    8 5
  ＋1 6
```

(3) 56 ＋ 45 ＝

```
    5 6
  ＋4 5
```

(4) 38 ＋ 73 ＝

```
    3 8
  ＋7 3
```

(5) 72 ＋ 59 ＝

```
    7 2
  ＋5 9
```

(6) 47 ＋ 65 ＝

```
    4 7
  ＋6 5
```

(7) 357 ＋ 44 ＝

```
   3 5 7
  ＋  4 4
```

(8) 592 ＋ 9 ＝

```
   5 9 2
  ＋    9
```

(9) 867 ＋ 152 ＝

```
   8 6 7
  ＋1 5 2
```

(10) 1289 ＋ 3215 ＝

```
   1 2 8 9
  ＋3 2 1 5
```

(11) 3817 ＋ 2344 ＝

```
   3 8 1 7
  ＋2 3 4 4
```

(12) 8906 ＋ 1253 ＝

```
   8 9 0 6
  ＋1 2 5 3
```

年　　　月　　　日（午前・午後）　時　　　分

② ひき算（差）の復習

[ひき算のタテ型筆算方法]

上下各位を合わせて，上から下の数をそれぞれ引く。

・**繰り下がりのない計算：745 − 534 = 211**

計算の流れ
① 一の位の計算：5 − 4 = 1
② 十の位の計算：4 − 3 = 1
③ 百の位の計算：7 − 5 = 2

各位で上から下の数が引けるので，繰り下がりがないよね！

```
     百の位  十の位  一の位
        7      4      5
  −     5      3      4
        2      1      1
```

問4　つぎの計算をしてみましょう。

(1) 18 − 6 =

```
   1 8
 −   6
```

(2) 55 − 3 =

```
   5 5
 −   3
```

(3) 78 − 8 =

```
   7 8
 −   8
```

(4) 65 − 43 =

```
   6 5
 − 4 3
```

(5) 79 − 76 =

```
   7 9
 − 7 6
```

(6) 58 − 38 =

```
   5 8
 − 3 8
```

(7) 185 − 72 =

```
   1 8 5
 −   7 2
```

(8) 327 − 226 =

```
   3 2 7
 − 2 2 6
```

(9) 957 − 646 =

```
   9 5 7
 − 6 4 6
```

(10) 1864 − 1751 =

```
   1 8 6 4
 − 1 7 5 1
```

(11) 7958 − 5742 =

```
   7 9 5 8
 − 5 7 4 2
```

(12) 4982 − 3972 =

```
   4 9 8 2
 − 3 9 7 2
```

- 1段繰り下がり計算：352 － 217 ＝ 135

計算の流れ
① 一の位の計算：(10) ＋ 2 － 7 ＝ 12 － 7 ＝ 5
　十の位から10を借りてきて一の位を (10＋2＝) 12として，ひき算！
② 十の位の計算：(5－1＝) 4 － 1 ＝ 3
③ 百の位の計算：3 － 2 ＝ 1

```
   百の位  十の位  一の位
     3     5⁴    2¹⁰
  －  2     1     7
  ─────────────────
     1     3     5
```

問5　つぎの計算をしてみましょう。

(1) 15 － 8 ＝

(2) 72 － 6 ＝

(3) 38 － 9 ＝

(4) 127 － 18 ＝

(5) 257 － 39 ＝

(6) 481 － 76 ＝

(7) 562 － 437 ＝

(8) 723 － 615 ＝

(9) 487 － 269 ＝

(10) 352 － 161 ＝

(11) 1251 － 921 ＝

(12) 2458 － 1377 ＝

(13) 4278 － 2651 ＝

(14) 7514 － 5374 ＝

(15) 3475 － 2384 ＝

- 2段以上繰り下がり計算：401 − 265 = 136

計算の流れ

① 一の位：(10) + 1 − 5 = 11 − 5 = 6
　一の位でひき算ができないので，十の位から10を借りてきて計算したいが十の位は0。そこで，百の位から十の位に100（10を10個）借り，そのうち1個を一の位にあげて，(10) + 1 − 5 = 11 − 5 の計算をするんだね！

② 十の位：(10 − 1 =) 9 − 6 = 3
　十の位は，百の位から100（10を10個）借りたうちから1個一の位にあげたので1繰り下がり9（= 10 − 1）だね！

③ 百の位：(4 − 1 =) 3 − 2 = 1
　百の位から100（10を10個）十の位にあげたから百の位は1繰り下がり3（= 4 − 1）だね！

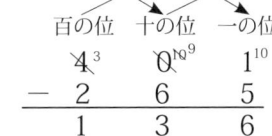

問6　つぎの計算をしてみましょう。

(1) 102 − 17 =

　　　１０２
　−　　１７

(2) 208 − 39 =

　　　２０８
　−　　３９

(3) 305 − 76 =

　　　３０５
　−　　７６

(4) 507 − 198 =

　　　５０７
　−　１９８

(5) 701 − 382 =

　　　７０１
　−　３８２

(6) 907 − 498 =

　　　９０７
　−　４９８

(7) 1205 − 38 =

　　１２０５
　−　　３８

(8) 1103 − 24 =

　　１１０３
　−　　２４

(9) 2408 − 935 =

　　２４０８
　−　９３５

(10) 7005 − 6726 =

　　７００５
　−６７２６

(11) 5013 − 2937 =

　　５０１３
　−２９３７

(12) 3102 − 1745 =

　　３１０２
　−１７４５

③ かけ算（積）の復習

- **[自然数] × 10, 100, 1000…（または，× 200，× 500…など）**
  - 2 × 10 = 20
  - 31 × 100 = 3100
  - 1000 × 12 = 12000

  ＊ 10，100，1000 などをかける相手（かけられる数）にかける数の 0（ゼロ）の数だけ付く！
  補：かけ算は『交換法則』が成り立つ！⇔ （かけられる数）×（かける数）＝（かける数）×（かけられる数）

- 4 × 300 = 4 × 3 × 100 = 12 × 100 = 1200

  ＊ 上記のように，× 100，× 1000 と式を変形し計算ね！

問7　つぎの計算をしてみましょう。

(1) 3 × 10 =　　　　(2) 5 × 100 =　　　　(3) 24 × 1000 =

(4) 100 × 34 =　　　(5) 7 × 20 =　　　　(6) 300 × 8 =

[（自然数）かけ算のタテ型筆算方法]
　上下各位を合わせて，1段目は上の数に対する下の数の一の位の積，2段目は上の数に対する下の数の十の位の積，3段目は…（繰り返し）。そして，各段の上下の数のたし算。

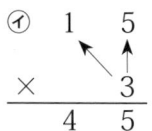

- **1桁 × 2桁（2桁 × 1桁）**：㋐ 3 × 15 = 45　　㋑ 15 × 3 = 45

㋐
```
      3
   × 1 5
   ─────
     1 5  ←1段目：(3×5) 一の位の数の積
   + 3 0  ←2段目：(3×1) 十の位の数の積
   ─────
     4 5  ← (15＋30)
```

㋑
```
      1 5
   ×   3
   ─────
     4 5
```

＊ 15 × 3 =（10＋5）× 3 = 10 × 3 + 5 × 3 より，
① 一の位の計算：5 × 3 = 15（= 10 ＋ 5）となり，十の位に 1 繰り上がり，一の位の数は 5 となる。
② 十の位の計算：10 × 3 = 30。そして，①より 1 繰り上がったから，30 ＋ 10 = 40。よって，十の位の数は 4。

問8　つぎの計算をしてみましょう。

(1)
```
      4
   × 5 2
```

(2)
```
    1 3
   ×  7
```

(3)
```
    7 5
   ×  6
```

・1桁×3，4桁：ウ 4×206＝824　　エ 6×3172＝19032

ウエのような計算は，通常，「上に大きな数，下に小さな数をおき」タテ型筆算をします！

```
ウ    2 0 6
    ×     4
    ─────────
      8 2 4
```

```
エ    3 1 7 2
    ×       6
    ─────────
    1 9 0 3 2
```

― 計算の順番 ―
* 206×4 ＝(200＋6)×4
　　　　　＝200×4＋6×4 より，

① 一の位の計算：6×4＝24（＝20＋4）となり，
　　十の位に2繰り上がり，一の位の数は4となる。

② 十の位の計算：かけられる数に十の位の数は
　　無いが，①から2繰り上がり20ゆえ，十の位
　　の数は2。

③ 百の位の計算：200×4＝800 より，百の位の
　　数は8。

― 計算の順番 ―
* 3172×6 ＝(3000＋100＋70＋2)×6
　　　　　＝3000×6＋100×6＋70×6＋2×6 より，

① 一の位の計算：2×6＝12（＝10＋2）となり，
　　十の位に1繰り上がり，一の位の数は2となる。

② 十の位の計算：70×6＝420（＝400＋20）となり，
　　百の位に4繰り上がる。そして，①より1繰り上がったから，
　　20＋10＝30。よって，十の位の数は3。

③ 百の位の計算：100×6＝600。そして，②より4繰り上がった
　　から，600＋400＝1000。よって，千の位に1繰り上がり，
　　百の位の数は0。

④ 千の位の計算：3000×6＝18000。③より1繰り上がった
　　から，18000＋1000＝19000（＝10000＋9000）となり，
　　一万の位に1繰り上がる。よって，千の位の数は9。

⑤ 一万の位の計算：④からの1繰り上がりだけゆえ，一万の位の数は1。

問9　つぎの計算をしてみましょう。

のりしろ　　　　　　全問正しくできるまで，何回も紙を貼って繰り返してくださいね！　　　　　のりしろ

(1) 142×6＝

```
    1 4 2
  ×     6
```

(2) 548×4＝

```
    5 4 8
  ×     4
```

(3) 675×7＝

```
    6 7 5
  ×     7
```

(4) 379×5＝

```
    3 7 9
  ×     5
```

(5) 802×9＝

```
    8 0 2
  ×     9
```

(6) 1573×2＝

```
  1 5 7 3
×       2
```

(7) 5204×3＝

```
  5 2 0 4
×       3
```

(8) 6713×8＝

```
  6 7 1 3
×       8
```

(9) 7049×7＝

```
  7 0 4 9
×       7
```

・2桁×2, 3桁： ㋔ 14 × 23 = 322　　㋕ 17 × 402 = 6834

```
㋔       1 4
       × 2 3
       ─────
         4 2  ← 14×3（↑：一の位の計算）
     + 2 8    ← 14×2（↑：十の位の計算）
     ───────
       3 2 2  ← (42 + 280)
```

```
㋕         1 7
        × 4 0 2
        ───────
            3 4  ← 17×2（一の位の計算）
          0 0    ← 17×0（十の位の計算）
      + 6 8      ← 17×4（百の位の計算）
      ─────────
        6 8 3 4  ← (34 + 0 + 6800)
```

問10　つぎの計算をしてみましょう。

(1) 32 × 17 =

```
      3 2
    × 1 7
```

(2) 48 × 35 =

```
      4 8
    × 3 5
```

(3) 73 × 98 =

```
      7 3
    × 9 8
```

(4) 28 × 37 =

```
      2 8
    × 3 7
```

(5) 72 × 208 =

```
    2 0 8
    ×  7 2
```

(6) 37 × 835 =

```
    8 3 5
    ×  3 7
```

(7) 295 × 37 =

```
    2 9 5
    ×  3 7
```

(8) 807 × 61 =

```
    8 0 7
    ×  6 1
```

(9) 972 × 57 =

```
    9 7 2
    ×  5 7
```

- 3桁×3, 4桁（4桁×4桁）： ㊥ 427 × 1027 = 438529

　下に3桁×4桁のタテ型筆算の流れを示しておきました。あとは，何桁同士の計算も同様にやっていただければ大丈夫！

```
㊥        1 0 2 7
       ×    4 2 7
       ─────────
          7 1 8 9    ← 1027×7（一の位の計算）
        2 0 5 4      ← 1027×2（十の位の計算）
     + 4 1 0 8       ← 1027×4（百の位の計算）
     ─────────
       4 3 8 5 2 9   ← （7189 + 20540 + 410800）
```

問11　つぎの計算をしてみましょう。

のりしろ　　　　　　　　　全問正しくできるまで，何回も紙を貼って繰り返してくださいね！　　　　　のりしろ

(1) 217 × 735 =

```
       2 1 7
     × 7 3 5
```

(2) 493 × 567 =

```
       4 9 3
     × 5 6 7
```

(3) 7309 × 604 =

```
     7 3 0 9
   ×   6 0 4
```

(4) 3728 × 4076 =

```
     3 7 2 8
   × 4 0 7 6
```

④ わり算（商）の復習

・九九の確認

まずは，わり算を利用して「九九」の確認をしてみましょう！

問12 つぎの計算をしてみましょう。

(1) 27 ÷ 3 =   (2) 49 ÷ 7 =   (3) 9 ÷ 3 =   (4) 72 ÷ 8 =

(5) 20 ÷ 5 =   (6) 54 ÷ 6 =   (7) 14 ÷ 2 =   (8) 21 ÷ 3 =

(9) 32 ÷ 4 =   (10) 15 ÷ 3 =   (11) 64 ÷ 8 =   (12) 12 ÷ 6 =

(13) 10 ÷ 5 =   (14) 21 ÷ 7 =   (15) 42 ÷ 6 =   (16) 16 ÷ 8 =

(17) 36 ÷ 4 =   (18) 48 ÷ 6 =   (19) 18 ÷ 9 =   (20) 18 ÷ 3 =

(21) 32 ÷ 8 =   (22) 45 ÷ 9 =   (23) 12 ÷ 3 =   (24) 63 ÷ 9 =

(25) 48 ÷ 8 =   (26) 20 ÷ 4 =   (27) 27 ÷ 9 =   (28) 28 ÷ 7 =

(29) 6 ÷ 2 =   (30) 40 ÷ 8 =   (31) 54 ÷ 9 =   (32) 35 ÷ 5 =

(33) 30 ÷ 6 =   (34) 12 ÷ 4 =   (35) 25 ÷ 5 =   (36) 81 ÷ 9 =

(37) 56 ÷ 7 =   (38) 24 ÷ 3 =   (39) 16 ÷ 4 =   (40) 16 ÷ 2 =

(41) 15 ÷ 5 =   (42) 24 ÷ 6 =   (43) 63 ÷ 7 =   (44) 45 ÷ 5 =

(45) 24 ÷ 8 =   (46) 14 ÷ 7 =   (47) 72 ÷ 9 =   (48) 28 ÷ 4 =

(49) 24 ÷ 4 =   (50) 56 ÷ 8 =   (51) 18 ÷ 6 =   (52) 42 ÷ 7 =

(53) 35 ÷ 7 =   (54) 36 ÷ 9 =   (55) 36 ÷ 6 =   (56) 8 ÷ 2 =

(57) 12 ÷ 2 =   (58) 40 ÷ 5 =   (59) 30 ÷ 5 =   (60) 18 ÷ 2 =

[(自然数) わり算のタテ型筆算方法]

```
       商
割る数 ) 割られる数
```
← (割られる数) の左の数から順番に，その数の中に (割る数) が何個入っているかを探し，個数を商の部分に書き進めていく。また，このことを「商を立てる」という。

* 割り切れる（あまりが０（ゼロ））場合

・2桁÷1桁： ㋗ $42 \div 3 = 14$

```
       1
   3 ) 4 2
       3
       ─
       1
```
← 一番左側の数4の中に3は1個入っているから4の上に1を立てる。
← (=3×1)：(割る数3) と「立てた1」の積
← (=4−3)：上 (4) から下 (3) の数のひき算

（この続きは右枠へ）→

タテ型筆算の全体！

```
      1 4
  3 ) 4 2
      3↓
      ───
      1 2
      1 2
      ───
        0
```
つぎに (割られる数) の一の位の数2を下ろし，「12÷3」を考える！
← 12の中に3が4個入っているから4を立てる
← (=3×4)：(割る数3) と「立てた4」の積
← (=12−12)：上 (12) から下 (12) の数のひき算が0となり割り切れ，商は14となる。

問13 つぎの計算をしてみましょう。

(1) $64 \div 4 =$

```
4 ) 6 4
```

(2) $96 \div 8 =$

```
8 ) 9 6
```

(3) $81 \div 3 =$

```
3 ) 8 1
```

(4) $78 \div 6 =$

```
6 ) 7 8
```

(5) $94 \div 2 =$

```
2 ) 9 4
```

(6) $84 \div 7 =$

```
7 ) 8 4
```

・3, 4桁÷1桁(i)：㋕ 512 ÷ 4 = 128

```
    1
4)5 1 2     ← 一番左側の数5の中に4は1個入って
  4            いるから5の上に1を立てる。
  ─
  1         ← (= 4×1)：(割る数4) と「立てた1」の積
            ← (= 5－4)：上 (5) から下 (4) の数のひき算
```

（この 続きは下へ！）
↓

```
   1 2
4)5 1 2     つぎに (割られる数) の十の位の数1を
  4↓        下ろし、「11÷4」を考える！
  ─
  1 1       ← 11の中に4が2個あるから2を立てる
    8       ← (= 4×2)：(割る数4) と「立てた2」の積
  ─
    3       ← (= 11－8)：上 (11) から下 (8) の数のひき算  → （この続きは上枠へ！）
```

```
    1 2 8        タテ型筆算の全体！
4)5 1 2
  4↓             つぎに (割られる数) の一の位の数2を
  ─              下ろし、「32÷4」を考える！
  1 1
    8↓
  ─
    3 2     ← 32の中に4が8個入っているから8を立てる
    3 2     ← (= 4×8)：(割る数4) と「立てた8」の積
    ─
      0     ← (= 32－32)：上 (32) から下 (32) の数の
              ひき算が0となり割り切れ、商は128となる。
```

問14　つぎの計算をしてみましょう。

全問正しくできるまで，何回も紙を貼って繰り返してくださいね！

(1) 462 ÷ 3 =　　　　(2) 924 ÷ 4 =　　　　(3) 888 ÷ 6 =

```
3)4 6 2          4)9 2 4          6)8 8 8
```

(4) 959 ÷ 7 =　　　　(5) 9704 ÷ 8 =　　　　(6) 9225 ÷ 9 =

```
7)9 5 9          8)9 7 0 4        9)9 2 2 5
```

・3，4桁 ÷ 1桁(ii)： ㋩ 138 ÷ 6 = 23

```
     2
6 ) 1 3 8      ← 一番左側の数1に6は入っていないので、
   1 2           13で考え2個入っているから3の上に2
   ───           を立てる。
     1         ← (= 6 × 2)：(割る数6) と「立てた2」の積
               ← (= 13 − 12)：上 (13) から下 (12) の数の
                 ひき算
```

（この続きは右枠へ　→）

```
      2 3
6 ) 1 3 8      タテ型筆算の全体！
    1 2 ↓      つぎに (割られる数) の一の位の数8を
    ─────      下ろし、「18 ÷ 6」を考える！
      1 8    ← 18の中に6が3個あるから3を立てる
      1 8    ← (= 6 × 3)：(割る数6) と「立てた3」の積
      ───
        0    ← (= 18 − 18)：上 (18) から下 (18) の数の
               ひき算が0となり割り切れ、商は23となる。
```

問15　つぎの計算をしてみましょう。

(1) 111 ÷ 3 =

(2) 108 ÷ 4 =

(3) 192 ÷ 6 =

```
3 ) 1 1 1        4 ) 1 0 8        6 ) 1 9 2
```

(4) 336 ÷ 7 =

(5) 2440 ÷ 8 =

(6) 2313 ÷ 9 =

```
7 ) 3 3 6        8 ) 2 4 4 0      9 ) 2 3 1 3
```

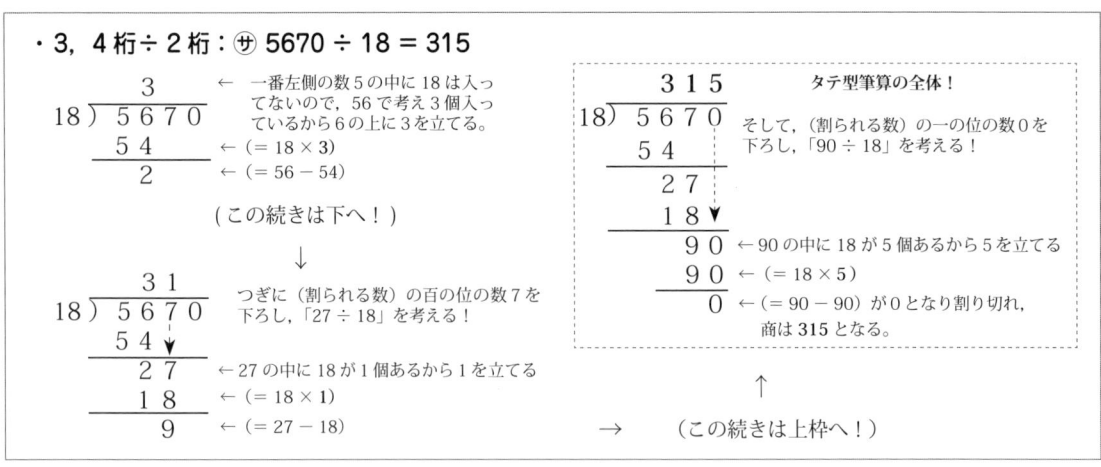

問16 つぎの計算をしてみましょう。

(1) 372 ÷ 12 =　　　　　(2) 459 ÷ 17 =　　　　　(3) 805 ÷ 23 =

12) 3 7 2　　　　　17) 4 5 9　　　　　23) 8 0 5

(4) 7776 ÷ 32 =　　　　　(5) 1785 ÷ 51 =　　　　　(6) 6426 ÷ 63 =

32) 7 7 7 6　　　　　51) 1 7 8 5　　　　　63) 6 4 2 6

- **割り切れない（あまりが０でない）場合**
  （割られる数）÷（割る数）＝（商）あまり△

  ポイント！『（あまりの数：△）は，（割る数）より小さい！』

  ㋛ $17 ÷ 6 = 2$ あまり 5　　　㋜ $409 ÷ 37 = 11$ あまり 2

  ```
        2                    1 1
     ─────               ────────
    6) 1 7              37) 4 0 9
       1 2                  3 7
       ───                  ───
         5 ←（あまり）         3 9
                             3 7
                             ───
                               2 ←（あまり）
  ```

問17　つぎの計算をし，商とあまりを求めてみましょう。

(1) $31 ÷ 4 =$　　　(2) $427 ÷ 18 =$　　　(3) $557 ÷ 26 =$

```
4) 3 1          18) 4 2 7         26) 5 5 7
```

(4) $742 ÷ 31 =$　　　(5) $1181 ÷ 43 =$　　　(6) $4492 ÷ 121 =$

```
31) 7 4 2       43) 1 1 8 1      121) 4 4 9 2
```

⑤ わり算の総合演習

問 18 つぎの計算をしてみましょう。

(1) 92 ÷ 4 =

(2) 896 ÷ 8 =

(3) 1722 ÷ 6 =

4) 9 2

8) 8 9 6

6) 1 7 2 2

(4) 2146 ÷ 37 =

(5) 2109 ÷ 57 =

(6) 1633 ÷ 71 =

37) 2 1 4 6

57) 2 1 0 9

71) 1 6 3 3

問 19 つぎの計算をし，商とあまりを求めてみましょう。

(1) 997 ÷ 8 =

(2) 427 ÷ 17 =

(3) 6874 ÷ 237 =

8) 9 9 7

17) 4 2 7

237) 6 8 7 4

年　　月　　日（午前・午後）　時　　分

⑥ 四則計算の順番

- **和と差の混合計算**

  原則：左から順番に計算していきましょう。（ちなみに，たし算を先にやってからひき算をしてもok！）

  ㋜ $7-5+8-4 = 2+8-4$
  $= 10-4$
  $= 6$

  ＊ていねいに計算過程を表示しました！

  ㋞ $7-5+8-4 = 7+8-5-4$
  $= 15-5-4$
  $= 10-4$
  $= 6$

  ㋜の計算で「たし算を先」にしたものが㋞です！

問20　つぎの計算をしてみましょう。

のりしろ　　　　　　　　　全問正しくできるまで，何回も紙を貼って繰り返してくださいね！　　　　　　　　　のりしろ

(1) $23-9+7-12 =$

(2) $47-31+7-5 =$

(3) $72-49-15+18 =$

(4) $102-75-21+9 =$

- **積と商の混合計算**

  原則：わり算をかけ算に直し，すべてかけ算の形にしてから計算なんです。が，まだ分数の復習をしていませんので，（現時点では）左から順番に計算しましょう。

  ㋣ $24 \div 6 \times 2 = 4 \times 2$
  $= 8$（答え）

  誤答㋠　$24 \div 6 \times 2 = 24 \div 12$
  $= 2$（ダメ！）

  漠然と計算は「かけ算が先」と思い込んでいる方は，誤答㋠のような間違った計算をしてしまうので，十分注意してくださいね！

問21　つぎの計算をしてみましょう。

のりしろ　　　　　　　　　全問正しくできるまで，何回も紙を貼って繰り返してくださいね！　　　　　　　　　のりしろ

(1) $36 \div 12 \times 4 =$

(2) $42 \div 3 \div 7 \times 10 =$

(3) $81 \div 9 \times 9 \div 3 =$

(4) $72 \div 36 \times 2 \times 4 \div 8 =$

・和，差，積，商の混合計算

原則：「たし算（ひき算）とかけ算（わり算）の混合計算」は，かけ算（わり算）を最初にやり，あとは左から順に計算。

㋓ $8 + \underline{3 \times 2} = 8 + 6$
　　　　　　　　$= 14$

㋔ $9 - \underline{8 \div 4} = 9 - 2$
　　　　　　　　$= 7$

㋕ $\underline{10 \times 5} - \underline{12 \times 4} = 50 - 48$
　　　　　　　　　　　$= 2$

㋖ $27 + \underline{4 \times 9} \div 12 - 18 = 27 + 36 \div 12 - 18$
　　　　　　　　　　　　　　$= 27 + 3 - 18$
　　　　　　　　　　　　　　$= 30 - 18$
　　　　　　　　　　　　　　$= 12$

問22　つぎの計算をしてみましょう。

(1)　$11 + 4 \times 8$
　$=$

(2)　$24 - 12 \div 6$
　$=$

(3)　$36 - 7 \times 2 - 6 \div 3$
　$=$

(4)　$45 - 28 \div 4 - 5 \times 2$
　$=$

(5)　$62 - 28 \div 7 \times 12$
　$=$

(6)　$11 + 49 \div 7 \times 3$
　$=$

(7)　$72 \div 3 - 36 \div 12 \times 2$
　$=$

(8)　$56 \div 4 - 4 \times 3$
　$=$

(9)　$75 - 5 \times 90 \div 10$
　$=$

(10)　$266 \div 14 \times 2 - 7 \times 4$
　$=$

- **カッコの計算**：大カッコ 〔 〕，中カッコ { }，小カッコ ( ) の順番
  原則：カッコが含まれている式では，カッコの中から先に計算。また，カッコは通常 3 種類
  　　　あり，順番として「小さいカッコの中から計算」。

  ㋐ $75 - (13 + \underline{42 \div 6})$　　　　　　㋑ $18 \div \{40 - 2 \times (\underline{35 - 18})\}$
  　$= 75 - (\underline{13 + 7})$　　　　　　　　　$= 18 \div (40 - \underline{2 \times 17})$
  　$= 75 - 20$　　　　　　　　　　　　　$= 18 \div (\underline{40 - 34})$
  　$= 55$　　　　　　　　　　　　　　　$= 18 \div 6 = 3$

  ＊各式中の下線部が，その式の計算箇所(順番)になっていますよ！

  ㋒ $50 - 〔67 - \{32 - (\underline{17 + 9})\} \times 4〕 = 50 - \{67 - (\underline{32 - 26}) \times 4\}$
  　　　　　　　　　　　　　　　　　　　　$= 50 - (67 - \underline{6 \times 4})$
  　　　　　　　　　　　　　　　　　　　　$= 50 - (\underline{67 - 24})$
  　　　　　　　　　　　　　　　　　　　　$= 50 - 43 = 7$

  補：「㋑㋒でカッコの形の変化に気づきました？」カッコの中を計算していくとそのカッコは不要になるので，カッコは徐々に
  　　「大カッコ〔 〕→中カッコ{ }→小カッコ( )」と小さく形を変えていきます。

問23　つぎの計算をしてみましょう。

(1) $(4 + 8 \times 5) \div 11 - 3 =$

(2) $(13 - 7) \times 2 + 4 - 27 \div 3 =$

(3) $\{8 + 2 \times (18 - 9) \div 3\} \div 7 =$

(4) $24 - 252 \div (40 + 13 \times 3 - 16) =$

⑦ 「分配法則」と「計算の工夫」

- **分配法則**：「カッコ（　）の外からカッコ（　）の中の数字へかけ算ができる！」というきまり。

  ㋩ $3 \times (7 + 15) = 3 \times 7 + 3 \times 15$
  $ = 21 + 45$
  $ = 66$

  ㋩ $(15 - 7) \times 4 = 15 \times 4 - 7 \times 4$
  $ = 60 - 28$
  $ = 32$

  補：数学ではこのような計算をカッコを外すと呼びますが，数値計算に関してだけでみれば上記の計算にありがたみは感じませんよね！計算の基本通りに，カッコ（　）の中を計算してからかけ算した方が簡単でしょ！？　でもね，下線部に着目してほしいんだぁ～！

問24　分配法則を利用して，つぎの計算をしてみましょう。

(1) $7 \times (11 + 8) =$　　　　(2) $4 \times (21 - 9) =$

(3) $(15 - 9) \times 6 =$　　　　(4) $(32 + 11) \times 2 =$

- **計算の工夫**：たし算，ひき算を少しでも楽に計算するために，分配法則を利用！

  着眼点：① 式に含まれる共通の数に着目！　② 各数字に隠れている共通の数（公約数）に着目！

  ㋩ $17 \times 3 + 23 \times 3 = (17 + 23) \times 3$
  $ = 40 \times 3$
  $ = 120$

  ㋩ $9 \times 37 - 270 = 9 \times 37 - 9 \times 30$
  $ = 9 \times (37 - 30)$
  $ = 9 \times 7$
  $ = 63$

問25　つぎの各式を工夫して，楽に計算をしてみましょう。

(1) $7 \times 38 + 42 \times 7 =$　　　　(2) $11 \times 73 - 33 =$

年　月　日（ 午前・午後 ） 時　分

復習2　小数の四則計算

① たし算（和）の復習

［たし算のタテ型筆算方法］

整数と同様，上下の数の位をそろえ，各位同士でそれぞれ加える。

繰り上がりのある計算：**1.29 + 0.73 = 2.02**

計算の流れ

①小数第二位の計算：9 ＋ 3 ＝ 12（＝ 10 ＋ 2）→ 2
小数第二位で 10 ができたから，小数第一位に 1 繰り上がる

②小数第一位の計算：2 ＋ 7 ＋ (1) ＝ 10 → 0
小数第一位で 10 ができたから，一の位に 1 繰り上がる

③一の位の計算：1 ＋ (1) ＝ 2

一の位		小数第一位	小数第二位
1 [1]	.	2 [1]	9
＋ 0	.	7	3
2	.	0	2

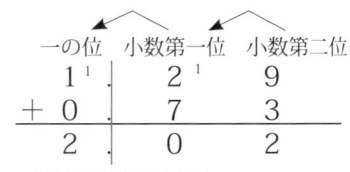

小数点の位置を合わせる

問 26　つぎの計算をしてみましょう。

のりしろ　全問正しくできるまで，何回も紙を貼って繰り返してくださいね！　のりしろ

(1) 1.2 ＋ 2.5 ＝

　1.2
＋ 2.5

(2) 4.3 ＋ 1.4 ＝

　4.3
＋ 1.4

(3) 0.4 ＋ 3.5 ＝

　0.4
＋ 3.5

(4) 2.74 ＋ 1.25 ＝

　2.74
＋ 1.25

(5) 3.45 ＋ 6.37 ＝

　3.45
＋ 6.37

(6) 1.98 ＋ 0.03 ＝

　1.98
＋ 0.03

(7) ～ (9) は，自らタテ型筆算を書いて計算してみましょう。

(7) 0.03 ＋ 0.09 ＝

(8) 7.2 ＋ 1.89 ＝

(9) 8.04 ＋ 2.66 ＝

② ひき算（差）の復習

[ひき算のタテ型筆算方法]

　整数と同様，上下の数の位をそろえ，各位同士でそれぞれ引く。

繰り下がりのある計算：**1.04 − 0.57 = 0.47**

考え方は，104 − 57 の発想と同様でｏｋ！

① 小数第二位の計算：10 − 7 + 4 = 7
　　小数第二位からは引けない。また，小数第一位は0なので一の位から1（0.1 を 10 個）を小数第一位に借り，そこから 0.1 を 1 個（0.01 を 10 個）借りてきて，10 − 7 + 4 = 7

② 小数第一位の計算：9 − 5 = 4
　　小数第一位で 0.1 が 9 個残っているので 5 が引ける

③ 一の位の計算：0 − 0 = 0

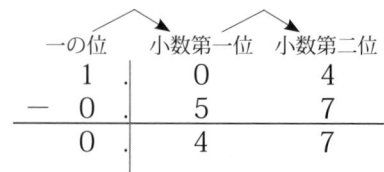

問27　つぎの計算をしてみましょう。

(1) 3.2 − 2.7 =　　　(2) 1.84 − 1.23 =　　　(3) 6.38 − 4.78 =

```
   3.2            1.8 4           6.3 8
 − 2.7          − 1.2 3         − 4.7 8
```

(4) 3.47 − 1.59 =　　　(5) 5.04 − 2.05 =　　　(6) 4 − 3.78 =

```
   3.4 7           5.0 4            4
 − 1.5 9         − 2.0 5         − 3.7 8
```

(7)〜(9) は，自らタテ型筆算を書いて計算してみましょう。

(7) 8.31 − 7.58 =　　　(8) 7.2 − 1.89 =　　　(9) 8.04 − 2.66 =

③ かけ算（積）の復習

[かけ算のタテ型筆算方法]
　位をそろえることなく，整数の積同様に計算！　ただし，小数点以下の桁数を数える。

例：$2.73 \times 4.3 = 11.739$

$2.73 = 273 \div 100$

$4.3 = 43 \div 10$

$2.73 \times 4.3 = (273 \div 100) \times (43 \div 10)$

$\qquad\qquad = 273 \times 43 \div 100 \div 10$

$\qquad\qquad = 273 \times 43 \div 1000 \cdots (*)$

```
      2.7 3
   ×    4.3
   ─────────
        8 1 9
    1 0 9 2
   ─────────
    1 1.7 3 9
```
（右から3個目↑の数字の左に点を打つ！）

小数点以下の数は「7」と「3」と「3」の3個。これは（*）の÷1000のゼロの数と一致！
よって，小数点を無視して計算し，小数点以下の数の個数だけ右から数えて点を打つ。

問 28　つぎの計算をしてみましょう。

のりしろ　　　　　　　　全問正しくできるまで，何回も紙を貼って繰り返してくださいね！　　　　　　　のりしろ

(1) $0.4 \times 2 =$　　　　　　(2) $0.7 \times 3 =$　　　　　　(3) $1.49 \times 26 =$

```
      0.4              0.7              1.4 9
  ×     2          ×     3          ×    2 6
```

(4)～(6)は，自らタテ型筆算を書いて計算してみましょう。

(4) $3.2 \times 1.2 =$　　　　　(5) $4.05 \times 2.3 =$　　　　(6) $5.17 \times 1.46 =$

④ わり算（商）の復習

[わり算のタテ型筆算方法]

・（小数）÷（整数）

i （大きい数）÷（小さい数）

例：5.4 ÷ 3 = 1.8

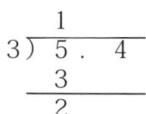

一の位5に3が1個入っているので1を立て、ひき算。

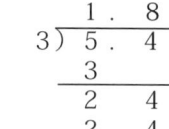

一の位2の中に3は入っていないので、商に小数点を打ち、4を下ろし、「24÷3」を考える。

```
   1．8
3)5．4
   3
   2 4
   2 4
   　0
```

24の中に3は8個入っているから8を立て、あまり0で割り切れる。

問29 つぎの計算を割り切れるまでしてみましょう。

全問正しくできるまで，何回も紙を貼って繰り返してくださいね！

(1) 3.8 ÷ 2 =   (2) 7.26 ÷ 6 =   (3) 16.45 ÷ 7 =

```
2)3.8        6)7.26        7)16.45
```

(4) ～ (6) は，自らタテ型筆算を書いて計算してみましょう。

(4) 26.52 ÷ 13 =   (5) 60.48 ÷ 27 =   (6) 128.64 ÷ 32 =

ⅱ （小さい数）÷（大きい数）
例：1.2 ÷ 4 = 0.3

```
    0.
4 ) 1. 2
```
一の位 1 に 4 は入っていないから 0 を立て、小数点を打ち、「12÷4」として考える。

→

```
    0. 3
4 ) 1. 2
    1  2
       0
```
12 の中に 4 は 3 個入っているから 3 を立て、あまり 0 で割り切れる。

考え方（難しいのでイメージしやすくかみくだいてお話しすると）

1.2cm を 4 等分したい。しかし、1.2 は 4 より小さい数ゆえ、単位を cm から mm に変換し、12mm を 4 等分すると考える。

そこで、この単位変換を商の部分に小数点を打つことで「1.2 を 12 とできる」と考えてもらえれば、左の計算の流れがなんとなく理解できませんか！？
ナルホドネ！

問30　つぎの計算を割り切れるまでしてみましょう。

(1) 2.1 ÷ 3 =　　　(2) 0.72 ÷ 6 =　　　(3) 4.32 ÷ 9 =

```
3 ) 2. 1       6 ) 0. 7 2       9 ) 4. 3 2
```

(4)〜(6) は、自らタテ型筆算を書いて計算してみましょう。

(4) 8.68 ÷ 14 =　　　(5) 9.01 ÷ 17 =　　　(6) 15.141 ÷ 21 =

iii（商）と（あまり）

例：商は小数点以下第一位まで求め，あまりもだしてください。

12.4 ÷ 7 = 1.7 あまり 0.5（＝「1.7・・・0.5」ここでは世代によりこの表記もｏｋ！）

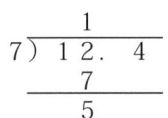 →   →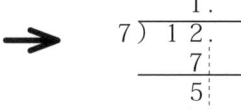

1には7が入っていないので，12の中には7が1個入っていると考え，2の上に1を立て，「12－7」で5。

5の中に7は入っていないので，商に小数点を打ち，小数第一位の4を下ろし「54÷7」と考える。

54の中に7が7個入っているので「54－49＝5」。しかし，小数点は生きているので，上記のようにあまりは0.5となる。

問31　商を小数点以下第一位まで求め，あまりもだしてみましょう。

(1) 3.1 ÷ 4 =

(2) 5.8 ÷ 3 =

(3) 9.5 ÷ 8 =

4) 3. 1

3) 5. 8

8) 9. 5

(4) 17.4 ÷ 7 =

(5) 19.7 ÷ 15 =

(6) 41.3 ÷ 21 =

7) 1 7. 4

1 5) 1 9. 7

2 1) 4 1. 3

・（整数）÷（整数）

i （大きい数）÷（小さい数)	ii （小さい数）÷（大きい数)
例：$5 \div 2 = 2.5$	例：$9 \div 25 = 0.36$

5に2は2個入っているので商に2を立てる。つぎに1の中には2は入っていないので、商に小数点を付ける。

小数点を打ったことで1が10となり（0.1が10個）、商に5を立て、あまりが0となり割り切れた。

9に25は入っていないので、商に0を立て小数点を打つことで「90÷25」とでき3を立てる。つぎに15の中に25は入っていないが、先ほど小数点を打ったことで0を付け足し「150÷25」と考えられ、商に6を立てあまり0となり、割り切れた。

問32 つぎの計算を割り切れるまでしてみましょう。

(1) $7 \div 4 =$ (2) $9 \div 12 =$ (3) $14 \div 8 =$

(4)～(6) は、自らタテ型筆算を書いて計算してみましょう。

(4) $27 \div 12 =$ (5) $24 \div 32 =$ (6) $342 \div 24 =$

・(整数)÷(小数)

(割る数),(割られる数)両方を一緒に10倍,100倍…して(割る数)の小数点を消す。

例：2 ÷ 1.25 = 1.6

```
         1.25)2
```
両方を100倍し,割る数の小数点を消す。

$2 \div 1.25$
$= (2 \times 100) \div (1.25 \times 100)$
$= 200 \div 125$

```
              1.
       125)200
           125
           750
```
200に125は1個入っているので商に1を立てる。つぎに,75には200が入っていないので,商に小数点を付け「750 ÷ 125」と考える。

```
              1.6
       125)200
           125
           750
           750
             0
```
百の位を意識し商に6を立てると750となり,あまり0で割り切れた。

問33 つぎの計算を割り切れるまでしてみましょう。丁寧にタテ型筆算の練習をしてくださいね！

全問正しくできるまで,何回も紙を貼って繰り返してくださいね！

(1) 5 ÷ 0.4 =　　　　　(2) 7 ÷ 1.4 =　　　　　(3) 9 ÷ 1.2 =

(4) 11 ÷ 1.25 =　　　　(5) 27 ÷ 2.5 =　　　　(6) 6 ÷ 3.2 =

・(小数) ÷ (小数)

基本は [(小数) ÷ (整数)] の形に直してから計算！

(割る数), (割られる数) 両方を一緒に 10 倍, 100 倍…して (割る数) の小数点を消す。

例：$20.44 \div 7.3 = 2.8$

$$7.3 \overline{)20.44}$$ ➡ $$73 \overline{)204.4} \begin{array}{r} 2. \\ \underline{146} \\ 584 \end{array}$$ ➡ $$73 \overline{)204.4} \begin{array}{r} 2.8 \\ \underline{146} \\ 584 \\ \underline{584} \\ 0 \end{array}$$

両方を 10 倍し, 割る数の小数点を消す。

$20.44 \div 7.3$
$= (20.44 \times 10) \div (7.3 \times 10)$
$= 204.4 \div 73$

204 に 73 は 2 個入っているので商に 2 を立てる。つぎに, 58 には 73 が入っていないので商に小数点を付け, 小数第一位の 4 を下ろし, 「584 ÷ 73」と考える。

584 に 73 は 8 個入っているので商に 8 を立てる。すると, あまりが 0 なので割り切れた。

問 34 つぎの計算を割り切れるまでしてみましょう。丁寧にタテ型筆算の練習をしてくださいね！

全問正しくできるまで, 何回も紙を貼って繰り返してくださいね！

(1) $5.16 \div 1.2 =$

(2) $8.05 \div 3.5 =$

(3) $9.72 \div 2.7 =$

(4) $25.62 \div 4.2 =$

(5) $3.861 \div 1.43 =$

(6) $22.274 \div 6.02 =$

・(小数)÷(小数)=(商)と(あまり)
　　基本は［(小数)÷(整数)=(商)と(あまり)］の形に直してから計算！

> (割る数),(割られる数)両方を一緒に10倍,100倍…して(割る数)の小数点を消す。
> 例：7.03 ÷ 3.9 = 1.8 あまり 0.01 （=「1.8・・・0.01」ここでは世代によりこの表記もok！）
>
> 　3.9)7.03　→　3.9)70.3　→　3.9)70.3
>
> 両方を10倍し,割る数の小数点を消す。
>
> 　　7.03 ÷ 3.9
> 　=(7.03×10)÷(3.9×10)
> 　=70.3 ÷ 39
>
> 70に39は1個入っているので商に1を立てる。つぎに,31には39が入っていないので商に小数点を付け,小数第一位の3を下ろし,「313÷39」と考える。
>
> 313に39は8個入っているので商に8を立てる。そして,あまりは一見"1"に見えるが,最初の小数点を下ろし,"0.01"となる。

問35　商を小数点以下第一位まで求め,あまりもだしてみましょう。丁寧にタテ型筆算の練習をしてくださいね！

のりしろ　　　　　　　　　全問正しくできるまで,何回も紙を貼って繰り返してくださいね！　　　　　　　　のりしろ

(1) 9.42 ÷ 2.7
=

(2) 8.19 ÷ 1.9
=

(3) 17.17 ÷ 3.1
=

(4) 13.21 ÷ 5.7
=

(5) 28.79 ÷ 6.4
=

(6) 5.451 ÷ 1.23
=

復習3　素数と倍数と約数

①素数

> ・素数とは？
>   ⇒「**1**と**自分自身**でしか割り切れない自然数」
>   補足：「1は素数ではない！」これは数学での決まり（定義）です。
>   例：13を割り切れる自然数は，1と13しかないでしょ！？　だから，13は素数である。
>
> ・素因数分解とは？
>   ⇒「ある数を**素数**のかけ算だけで表すこと」
>   例：$24 = 2 \times 2 \times 2 \times 3$
>
> <素因数分解の方法>
> 右のように素数で順に割っていき商を下側に書き，最後素数になったら終了。
>
> $2\,)\,\underline{24}$
> $2\,)\,\underline{12} \leftarrow 24 \div 2 = 12$
> $2\,)\,\underline{6} \leftarrow 12 \div 2 = 6$
> $3 \leftarrow 6 \div 2 = 3$

問36 つぎの数のうち，素数をすべて選んでみましょう。

　　　　　1，2，4，6，9，27，33，49，53，83，99

問37 つぎの数を素因数分解してみましょう。

(1) $15 =$　　　(2) $60 =$　　　(3) $126 =$　　　(4) $315 =$

$3\,)\,\underline{1\,5}$

問38 1～20の中に素数は全部で何個ありますか？

問39 1～100の中に素数は全部で何個あるか数えたいのですが，取りこぼしなく素数をすべて探し出す方法を考えてみましょう。

② 倍数

- 倍数とは？
  ⇒「整数 a に整数をかけてできる数を，a の倍数と呼ぶ」
  例：2 の倍数（2 ×（0），1，2，3，4，5，6 …）　補：教科書によっては 0 の扱い方が違う
  　　　（0），2，4，⑥，8，10，⑫，…（ア）

- 公倍数とは？
  ⇒「2 つ以上の数の倍数同士で，共通な倍数を指す」
  例：2 と 6 の公倍数（○で囲まれた数が公倍数だよ！）
  　　6 の倍数　⇒　⑥，⑫，18，24，30，…（イ）
  　　（ア）（イ）より，公倍数は「6，12，…（無数にあるよ！）」

  ○のついている数は 2 と 6 の公倍数の意味

- 最小公倍数（L.C.M.）とは？
  ⇒「公倍数のうちで，一番小さい公倍数を指す」
  探し方：素因数分解の方法で 2 つの数を並べ，同時に
  　　　素因数分解し，右の↳の順に数をすべてかける。
  例：12 と 28 の最小公倍数は，84（＝ 2 × 2 × 3 × 7）（答え）

  ```
  2 ) 12  28
  2 )  6  14
       3   7
  ```

問40 つぎの数の倍数を小さい方から 6 個書き出してみましょう。

(1) 5 の倍数：

(2) 8 の倍数：

(3) 12 の倍数：

問41 つぎの (1) ～ (3) 各公倍数を小さい方から 3 個求めてみましょう。

(1) 2 と 3：

(2) 4 と 6：

(3) 5 と 7：

問42 36 と 48 の最小公倍数を求めてみましょう。

③ 約数

> ・約数とは？
>   ⇒「自然数Aが自然数Bで割り切れるとき，BをAの約数と呼ぶ」
>   例：12の約数：ポイント⇒約数は必ず1～12までの数ゆえ，両側から攻める！
>
>   ①, ②, ③, 4, ⑥, 12, … (ア)
>
>   ○のついている数は12と6の公約数の意味
>
> ・公約数とは？
>   ⇒「2つ以上の数の約数同士で，共通な約数を指す」
>   例：6と12の公約数（○で囲まれた数が公約数だよ！）
>   6の約数 ⇒ ①, ②, ③, ⑥, … (イ)
>   (ア)(イ) より，公約数は「1，2，3，6」となります。
>
> ・最大公約数（G.C.M.）とは？
>   ⇒「公約数のうちで，一番大きい公約数を指す」
>   探し方：素因数分解の方法で2つの数を並べ，同時に
>   　　　　素因数分解し，右の↓の部分の数だけをかける。
>   例：24と36の最大公約数は，12（＝2×2×3）（答え）
>
>   2) 24　36
>   2) 12　18
>   3)　6　　9
>   　　　2　　3

問43　つぎの各約数をすべて書き出してみましょう。

(1) 9の約数：

(2) 24の約数：

(3) 72の約数：

問44　(1)～(3)の各公約数をすべて書き出してみましょう。

(1) 10と12：　　(2) 35と49：　　(3) 24と32：

問45　60と84の最大公約数を求めてみましょう。

復習4　分数

①分数のイメージ

1の長さをn等分したうちの1個分を$\frac{1}{n}$と表す。

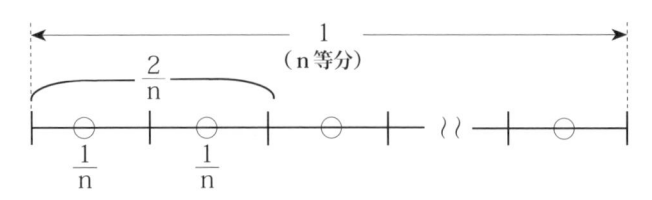

```
  ←――――――――― 1 ―――――――――→
        （n等分）
    ⌒ $\frac{2}{n}$ ⌒
  ├─⊖─┼─⊖─┼─⊖─┼ ⟋⟋ ─┼─⊖─┤
     $\frac{1}{n}$   $\frac{1}{n}$
```

このように「分子が1の分数」を"**単位分数**"と呼ぶ。

また，等分するとはわり算のことなので，「aをb等分する」を式で表すと，

$$a \div b = \frac{a}{b} \leftarrow \frac{(a:分子)}{(b:分母)}$$

となり，**分数は**「**わり算**」であるとも言える。

②分数の（分母）と（分子）に同じ数をかけても分数の大きさは変わらない

$$\frac{1}{2} = \frac{3}{6}\left(=\frac{1\times 3}{2\times 3}\right) = \frac{7}{14}\left(=\frac{1\times 7}{2\times 7}\right), \quad \frac{2}{3} = \frac{10}{15}\left(=\frac{2\times 5}{3\times 5}\right) = \frac{16}{24}\left(=\frac{2\times 8}{3\times 8}\right)$$

③分数に関する言葉の確認　＊各自(i)(ii)の□の空欄を数値または言葉で埋めてみましょう！

(i) **真分数**：（分子）＜（分母）である分数　　例：$\frac{2}{3}, \frac{9}{10}, \frac{17}{32}$　　分母の方が大きい数でしょ！

　　「大きさが1より □ 分数」

(ii) **仮分数**：（分子）≧（分母）である分数　　例：$\frac{4}{4}, \frac{7}{5}, \frac{25}{8}$　　（分母）＝（分子）または，分子の方が大きい数でしょ！

　　「大きさが □ または，1より □ 分数」

(iii) **帯分数**：（整数）＋（真分数）　　　　　　例：$\frac{7}{5} = 1\frac{2}{5}\left(=1+\frac{2}{5}\right), \frac{25}{8} = 3\frac{1}{8}\left(=3+\frac{1}{8}\right)$

(iv) **既約分数**：分母，分子がこれ以上約分できない分数

・2で約分 ⇒ 一の位が偶数（0, 2, 4, 6, 8）のとき　例：$\frac{18^9}{4_2} = \frac{9}{2}, \quad \frac{40^{20}}{38_{19}} = \frac{20}{19}$

・3で約分 ⇒ 各位の和が3で割り切れるとき　　　　例：$\frac{27^9}{12_4} = \frac{9}{4}, \quad \frac{111^{37}}{15_5} = \frac{37}{5}$

・5で約分 ⇒ 一の位が0か5のとき　　　　　　　　例：$\frac{10^2}{15_3} = \frac{2}{3}, \quad \frac{35^7}{20_4} = \frac{7}{4}$

問46 下の数直線（一部）をある大きさで等間隔に分けてみました。そこで，(ア)は真分数，(イ)～(オ)は仮分数，(カ)と(キ)は帯分数で表してみましょう。（ここでは約分はしないでｏｋ！）

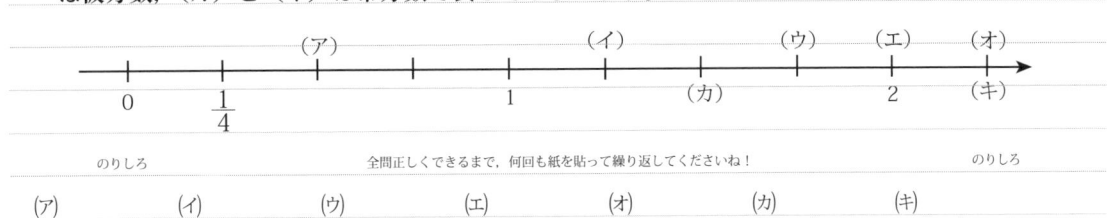

(ア)　　(イ)　　(ウ)　　(エ)　　(オ)　　(カ)　　(キ)

問47 つぎの各分数の大きさが変わらないよう□の中に数を書き入れてみましょう。

(1) $\dfrac{3}{5} = \dfrac{\square}{20}$

(2) $\dfrac{\square}{4} = \dfrac{9}{12}$

(3) $\dfrac{2}{3} = \dfrac{6}{\square} = \dfrac{\square}{15}$

(4) $\dfrac{4}{\square} = \dfrac{12}{27} = \dfrac{\square}{45}$

問48 つぎの分数で仮分数は帯分数に，帯分数は仮分数に直してみましょう。

(1) $\dfrac{7}{2} =$

(2) $1\dfrac{3}{5} =$

(3) $4\dfrac{2}{3} =$

(4) $\dfrac{17}{6} =$

(5) $3\dfrac{5}{8} = 1\dfrac{\square}{8}$

(5)は□を埋めてください。

問49 つぎの分数を約分してみましょう。

(1) $\dfrac{4}{6} =$

(2) $\dfrac{12}{9} =$

(3) $\dfrac{15}{20} =$

(4) $\dfrac{12}{54} =$

④ 整数・小数を分数で表す

- **整数を分数で表す（考え方は，整数÷1）**

    分数はわり算でもあるので，整数を1で割ることで分母が1の分数で表す。

    例：・$2 = 2 \div 1 = \frac{2}{1}$　・$15 = 15 \div 1 = \frac{15}{1}$　・$127 = 127 \div 1 = \frac{127}{1}$

    当然，分数をそれぞれ1で約分すれば，もとの数に戻り大きさは不変！

- **分母を1以外の分数で表す**

    分母と分子に同じ数をかけても，大きさは不変を利用する。

    例：「4を分母が3の分数で表す」　　　　「13を分母が5の分数で表す」

    ・$4 = \frac{4}{1} = \frac{4 \times 3}{1 \times 3} = \frac{12}{3}$　　　　・$13 = \frac{13}{1} = \frac{13 \times 5}{1 \times 5} = \frac{65}{5}$

- **小数を分数で表す**

    10倍，100倍して小数点を消し，かけた数（10，100 …）で割る。

    例：・$0.3 = 0.3 \times \underline{10} \div \underline{10} = 3 \div 10 = \frac{3}{10}$　・$2.01 = 2.01 \times \underline{100} \div \underline{100} = 201 \div 100 = \frac{201}{100}$

問50 つぎの整数を [ ] の数を分母にした分数で表してみましょう。

(1) 2 [3]

⇒

(2) 7 [4]

⇒

(3) 11 [2]

⇒

(4) 21 [7]

⇒

問51 つぎの小数を分数で表してみましょう。(ここでは約分しないでｏｋ！)

(1) 0.8

⇒

(2) 2.1

⇒

(3) 0.25

⇒

(4) 3.029

⇒

⑤ 分数の和と差

> **・分母が同じ場合**：分子同士の整数計算。
> 　和・差：分母が等しいということは，単位分数の大きさが等しいので分子同士の計算。
> 　ただし，分数計算で一番大切なことは，最後に必ず約分の"チェック"を忘れずに！
>
> 　＊和の例：$\dfrac{1}{4} + \dfrac{2}{4} = \dfrac{1+2}{4} = \dfrac{3}{4}$　　　　＊差の例：$\dfrac{17}{6} - \dfrac{1}{6} = \dfrac{17-1}{6} = \dfrac{\cancel{16}^{8}}{\cancel{6}_{3}} = \dfrac{8}{3}$
> 　　　　　　　　　　　　　　　　　　　　　　　　　　　　　　　　　　　　　（↑2で約分）
>
> 　（中学以降）分数計算の答えは，既約分数の仮分数。**帯分数では表記しない！**

問 52　つぎの計算をしてみましょう。

(1) $\dfrac{4}{5} + \dfrac{2}{5} =$ 　　(2) $\dfrac{6}{9} + \dfrac{7}{9} =$ 　　(3) $\dfrac{4}{6} + \dfrac{2}{6} =$

(4) $\dfrac{9}{4} + \dfrac{3}{4} =$ 　　(5) $\dfrac{7}{12} + \dfrac{8}{12} =$ 　　(6) $\dfrac{9}{21} + \dfrac{5}{21} =$

問 53　つぎの計算をしてみましょう。

(1) $\dfrac{11}{9} - \dfrac{5}{9} =$ 　　(2) $\dfrac{15}{4} - \dfrac{7}{4} =$ 　　(3) $\dfrac{13}{6} - \dfrac{4}{6} =$

(4) $\dfrac{19}{15} - \dfrac{7}{15} =$ 　　(5) $\dfrac{9}{10} - \dfrac{3}{10} =$ 　　(6) $\dfrac{12}{27} - \dfrac{3}{27} =$

問 54　つぎの計算をしてみましょう。

(1) $\dfrac{4}{6} + \dfrac{9}{6} - \dfrac{1}{6} =$ 　　(2) $\dfrac{17}{14} - \dfrac{5}{14} + \dfrac{9}{14} =$

- **分母が違う場合**：通分の利用だね！

    通分：分数の分母をそろえることを意味し，通分の基本は，**最小公倍数**にそろえる！

    *和の例：$\dfrac{1}{4} + \dfrac{2}{3} = \dfrac{1\times 3}{4\times 3} + \dfrac{2\times 4}{3\times 4}$
    $= \dfrac{3}{12} + \dfrac{8}{12}$
    $= \dfrac{11}{12}$

    *差の例：$\dfrac{5}{6} - \dfrac{2}{8} = \dfrac{5\times 4}{6\times 4} - \dfrac{2\times 3}{8\times 3}$
    $= \dfrac{20}{24} - \dfrac{6}{24}$
    $= \dfrac{14^{\,7}}{24_{\,12}}$（2で約分）
    $= \dfrac{7}{12}$

    *タテに等号をそろえて計算するようにしましょう！

問55 つぎの計算をしてみましょう。例題の矢印のようにタテに計算するクセをつけてください。

全問正しくできるまで，何回も紙を貼って繰り返してくださいね！

(1) $\dfrac{2}{3} + \dfrac{5}{6} =$

(2) $\dfrac{5}{6} + \dfrac{2}{9} =$

(3) $\dfrac{1}{12} + \dfrac{1}{4} =$

(4) $\dfrac{2}{15} + \dfrac{7}{12} =$

(5) $\dfrac{3}{14} + \dfrac{2}{35} =$

(6) $\dfrac{4}{20} + \dfrac{2}{15} =$

問 56 つぎの計算をしてみましょう。

(1) $\dfrac{2}{3} - \dfrac{5}{9} =$

(2) $\dfrac{3}{2} - \dfrac{5}{6} =$

(3) $\dfrac{13}{15} - \dfrac{2}{3} =$

(4) $\dfrac{5}{12} - \dfrac{3}{8} =$

(5) $\dfrac{7}{6} - \dfrac{15}{18} =$

(6) $\dfrac{7}{12} - \dfrac{9}{20} =$

問 57 つぎの計算をしてみましょう。

(1) $\dfrac{3}{4} - \dfrac{5}{8} + \dfrac{3}{5}$

$=$

(2) $\dfrac{7}{6} - \left（\dfrac{5}{9} - \dfrac{7}{18}\right）$

$=$

・整数（小数）と分数の場合

ポイント！　「整数は『分母を1』にして分数に直し，通分計算ね！」
　　　　　　　「小数は『×10÷10, ×100÷100』で分数に直し，通分計算だよ！」

*整数の例：$3 + \dfrac{3}{2} = \dfrac{3}{1} + \dfrac{3}{2}$
　　　　　　　　$= \dfrac{6}{2} + \dfrac{3}{2} \left(= \dfrac{3 \times 2}{1 \times 2} + \dfrac{3}{2}\right)$
　　　　　　　　$= \dfrac{9}{2}$

*小数の例：$1.2 - \dfrac{4}{5} = \dfrac{\cancel{12}^{\,6}}{\cancel{10}_{\,5}} - \dfrac{4}{5}$
　　　　　　　　　$= \dfrac{6}{5} - \dfrac{4}{5}$
　　　　　　　　　$= \dfrac{2}{5}$

問58 つぎの計算をしてみましょう。

(1) $1 - \dfrac{2}{5} =$

(2) $0.8 + \dfrac{4}{3} =$

(3) $\dfrac{23}{4} - 3 =$

(4) $\dfrac{11}{6} - 1.8 =$

(5) $0.65 + \dfrac{7}{4} - 2 =$

(6) $\dfrac{3}{2} - 1 + 0.125 =$

⑥ 分数の積

- **分数同士の積**：計算方法⇒分母同士，分子同士のかけ算！

  ポイント！「必ず（分母）と（分子）で約分できるモノ同士は約分してから，積の計算！」

  例：$\dfrac{7}{6} \times \dfrac{3}{5} \times \dfrac{9}{14} = \dfrac{\overset{1}{\cancel{7}}}{\underset{2}{\cancel{6}}} \times \dfrac{\overset{1}{\cancel{3}}}{5} \times \dfrac{9}{\underset{2}{\cancel{14}}}$

  $= \dfrac{1}{2} \times \dfrac{1}{5} \times \dfrac{9}{2}$

  $= \dfrac{1 \times 1 \times 9}{2 \times 5 \times 2}$

  $= \dfrac{9}{20}$

  （慣れたらOK→）$\dfrac{\overset{1}{\cancel{7}}}{\underset{2}{\cancel{6}}} \times \dfrac{\overset{1}{\cancel{3}}}{5} \times \dfrac{9}{\underset{2}{\cancel{14}}} = \dfrac{1 \times 1 \times 9}{2 \times 5 \times 2}$

  $= \dfrac{9}{20}$

  通常，上記のように**最初で約分**をし，暗算で解答をだしがちです。しかし，必ず**点線部**のきれいな形の1行を入れてから答えをだすように心がけましょう。

問59 つぎの計算をしてみましょう。

(1) $\dfrac{2}{3} \times \dfrac{3}{5}$

(2) $\dfrac{4}{7} \times \dfrac{2}{3}$

(3) $\dfrac{1}{12} \times \dfrac{15}{2}$

(4) $\dfrac{3}{4} \times \dfrac{5}{9}$

(5) $\dfrac{21}{32} \times \dfrac{24}{49}$

(6) $\dfrac{12}{35} \times \dfrac{7}{18}$

(7) $\dfrac{3}{49} \times \dfrac{22}{6} \times \dfrac{14}{11}$

(8) $\dfrac{10}{27} \times \dfrac{3}{20} \times \dfrac{9}{4}$

- **整数と分数の積**：計算方法⇒整数×（分子）が基本

  ポイント！「整数と分数の積では，必ず整数で（分母）を約分できるか確認！」

  「整数×（分子）」が基本：$4 \times \dfrac{3}{5} = \dfrac{4}{1} \times \dfrac{3}{5} = \dfrac{4 \times 3}{1 \times 5} = \dfrac{12}{5}$

  以下のように，必ずつぎのように**整数で（分母）が約分**できないかを確認すること！

  $4 \times \dfrac{5}{12} = \overset{1}{4} \times \dfrac{5}{\underset{3}{12}} = \dfrac{5}{3}$ ←→（比較） $4 \times \dfrac{5}{12} = \dfrac{\overset{1}{4}}{1} \times \dfrac{5}{\underset{3}{12}} = \dfrac{1 \times 5}{1 \times 3} = \dfrac{5}{3}$

  ↑右側の計算を見れば，理解できるでしょ！？

- **小数と分数の積**：小数に関しては分数に直して計算！

  $0.8 \times \dfrac{5}{16} = \dfrac{\overset{1}{8}}{\underset{2}{10}} \times \dfrac{\overset{1}{5}}{\underset{2}{16}} = \dfrac{1}{2} \times \dfrac{1}{2} = \dfrac{1}{4}$

  補：小数を分数に直すとき，約分するか否かは問題によって判断ね！

問60 つぎの計算をしてみましょう。

(1) $3 \times \dfrac{9}{7}$

(2) $9 \times \dfrac{7}{12}$

(3) $\dfrac{2}{15} \times 5$

(4) $27 \times \dfrac{7}{18}$

(5) $\dfrac{2}{21} \times 49$

(6) $0.7 \times \dfrac{15}{14}$

(7) $\dfrac{5}{8} \times 0.4$

(8) $\dfrac{8}{3} \times 0.25$

(9) $0.36 \times \dfrac{5}{9}$

⑦ 分数の和，差，積の混合計算
問61 つぎの計算をしてみましょう。

(1) $\dfrac{4}{3} + \dfrac{5}{2} \times \dfrac{4}{15} =$

(2) $\dfrac{4}{27} \times 9 + \dfrac{7}{4} - \dfrac{1}{3} =$

(3) $1.9 - \dfrac{6}{5} \times \left(\dfrac{3}{4} + \dfrac{5}{6}\right) =$

(4) $\left(\dfrac{5}{9} - \dfrac{1}{2}\right) \times 1.8 + \dfrac{3}{4} =$

⑧ 分数の商

- 逆数とは？：「2つの数の積が1になるとき，互いを逆数と呼ぶ」

  例：7と$\frac{1}{7}$において「$7 \times \frac{1}{7} = 1$」より，7は$\frac{1}{7}$の逆数であり，$\frac{1}{7}$は7の逆数である。

- 逆数の簡単な作り方（分数）：「（分母）と（分子）を入れ替える」

  例：$\frac{5}{3}$の逆数 ⇒ $\frac{3}{5}$

- 整数（小数）÷分数：商の計算方法 ⇒（割る数）を逆数にし，積に直す！

  $$\frac{9}{4} \div \frac{15}{7} = \frac{\cancel{9}^3}{4} \times \frac{7}{\cancel{15}_5} = \frac{3}{4} \times \frac{7}{5} = \frac{21}{20}$$

  "割る数"を"逆数"にし"積"に直す！

  $$1.2 \div \frac{4}{5} = \frac{12}{10} \div \frac{4}{5} = \frac{\cancel{12}^3}{\cancel{10}_2} \times \frac{5^1}{4_1} = \frac{3}{2}$$

  10倍して10で割るんだね！

問62 つぎの各逆数を示してみましょう。

(1) $\frac{3}{4}$の逆数 ⇒

(2) $2\frac{1}{5}$の逆数 ⇒

問63 つぎの計算をしてみましょう。

(1) $\frac{3}{2} \div \frac{4}{5}$

(2) $\frac{6}{25} \div \frac{8}{15}$

(3) $4.8 \div \frac{3}{5}$

(4) $\frac{7}{12} \div \frac{2}{3}$

(5) $32 \div \frac{8}{3}$

(6) $\frac{16}{33} \div \frac{8}{27}$

年　　月　　日（午前・午後）　時　　分

- 逆数の簡単な作り方（整数・小数）：「分数に直してから（分母）と（分子）を入れ替える」

  例：6の逆数 ⇒ 6を分数に直すと $\frac{6}{1}$ より，逆数は $\frac{1}{6}$

  例：1.3の逆数 ⇒ 1.3を分数に直すと $\frac{13}{10}$ より，逆数は $\frac{10}{13}$

- 分数÷整数（小数）：商の計算方法⇒（割る数）を逆数にし，積に直す！

  （整数）：$\frac{6}{7} \div 6 = \frac{6}{7} \times \frac{1}{6} = \frac{1}{7} \times \frac{1}{1} = \frac{1}{7}$　　　（小数）：$\frac{1}{5} \div 1.3 = \frac{1}{5} \div \frac{13}{10} = \frac{1}{5} \times \frac{10}{13} = \frac{2}{13}$

  "割る数" を "逆数" にし "積" に直す！　　　　　　　　　　　　　　　"小数" を "分数" にし "逆数の積" に！

問64 つぎの各逆数を示してみましょう。

(1) 13 の逆数 ⇒　　　　　　　(2) 2.7 の逆数 ⇒

問65 つぎの計算をしてみましょう。

(1) $\frac{8}{7} \div 4$　　　　(2) $\frac{25}{9} \div 15$　　　　(3) $\frac{21}{8} \div 14$

=　　　　　　　　　　=　　　　　　　　　　=

=　　　　　　　　　　=　　　　　　　　　　=

(4) $\frac{24}{35} \div 1.6$　　　(5) $\frac{6}{5} \div 0.15$　　　(6) $\frac{36}{75} \div 1.02$

=　　　　　　　　　　=　　　　　　　　　　=

=　　　　　　　　　　=　　　　　　　　　　=

⑨ 積と商の混合計算
問66 つぎの計算をしてみましょう。

(1) $\dfrac{8}{15} \div \dfrac{4}{3} \div \dfrac{2}{9} =$

(2) $\dfrac{9}{14} \div \dfrac{18}{7} \times 4 =$

(3) $\dfrac{5}{16} \div \dfrac{3}{4} \times \dfrac{1}{4} \div \dfrac{5}{8} =$

(4) $\dfrac{3}{4} \times \dfrac{2}{5} \div 6 \times \dfrac{8}{3} =$

(5) $\dfrac{5}{12} \div \dfrac{7}{8} \times \dfrac{28}{9} \times \dfrac{18}{35} =$

⑩ 分数計算の総合演習

問 67 つぎの計算をしてみましょう。

(1) $2 - 0.3 \div \dfrac{3}{2} \times 6 =$

(2) $\dfrac{18}{5} \div 1.2 - 1.8 \times \dfrac{5}{6} =$

(3) $1 - 4 \times \left(\dfrac{1}{2} + \dfrac{1}{8}\right) + \dfrac{1}{3} \times \left(6 + \dfrac{1}{4}\right) =$

(4) $\dfrac{3}{4} + \left(\dfrac{5}{6} - \dfrac{3}{8}\right) \div 3.3 =$

(5) $\dfrac{7}{5} \div 0.4 + \dfrac{13}{4} - 1.4 \times \dfrac{5}{2} =$

復習5　比

① 比とは？

「カメ（基準）が2m進むと、常にウサギ（比べる対象）は4m進む」。
このように一方を基準にし、「2つの関係を数値で比（くら）べる」ことを"**割合**"と呼びます。
また、（対象ウサギ）：（基準カメ）＝ 4：2・・・（＊）のような
形式で数値を使って表し、これを"**比**（ひ）"と言います。

> 後項に基準となる値を置くことで、
> ④比の値の理解へとつながる！

ただ、比はできるだけ簡単な整数比で表すのが基本ゆえ、（＊）はつぎのように表します。

$$（対象ウサギ）：（基準カメ）＝ 4：2 ＝ 2：1$$
（最大公約数2で約分）

> 比「$a:b$」（a対b）のa, bを項と呼び、特に2つの比較のとき、aを前項、bを後項と呼ぶ。

このように各項に同じ数を"かけて"も"割って"も割合は不変ゆえ、大丈夫！

問68 つぎの比を簡単な比で表してみましょう。

のりしろ　　　　　　　　　　　　　全問正しくできるまで、何回も紙を貼って繰り返してくださいね！　　　　　　　　　　　のりしろ

(1) $3:9=$

(2) $15:9=$

(3) $27:45=$

(4) $0.6:0.8=$

(5) $1.2:\dfrac{1}{5}=$

(6) $\dfrac{1}{2}:\dfrac{3}{7}=$

② 比例式

項の値（あたい）が違っているが、等しい比同士を等号で結んだ式を"**比例式**"と呼ぶ。

比例式 ⇒ $2:3=6:9$ 　　　（左辺の比）＝（右辺の比）

・**比例式を解**（と）**く**⇒「□に入る値を求めることを"比例式を解く"」と言う。

例1：「$6:3=12:□$」の□に入る値を求めてください。

> **解くポイント！**
> 「わかっている項同士の比を求め、求めた比を□に対する項に"かける"か"割る"」

解法：前項同士から比を求め $12\div6=2$ より、（左辺）の前項6を2倍しているので□も
（左辺）の後項3を2倍すればよい。よって、□＝$3\times2=6$（答え）

例2:「□：7 ＝ 12：21」の□に入る値を求めてください。
(方針は，左辺の前項が□ゆえ，後項同士の比を考える)

解法1：21 ÷ 7 ＝ 3 より，7 を 3 倍しているので□も 3 倍すれば 12 になる。
よって，12 を 3 で割れば□となるので，□＝ 12 ÷ 3 ＝ 4（答え）

解法2：右辺の後項 21 を基準に考え「$7 ÷ 21 = \frac{7}{21} = \frac{1}{3}$」より，21 を $\frac{1}{3}$ 倍すれば
左辺の後項になるので，12 を $\frac{1}{3}$ 倍すれば□となる。よって，□＝ $12 × \frac{1}{3}$ ＝ 4（答え）

でも，少しこの解法が見にくいと思う方のために一言ね！
実は，両辺を入れ替え，問題をつぎのように変えちゃえばいいんですよ！笑
「12：21 ＝ □：7」の□に入る値を求めてください。これなら見やすいでしょ！？

補：" 比例式を解く " 解法としては「**内項の積＝外項の積**」を利用し " 方程式を解く " 流れが主流です。が，ここではその前の
準備段階の復習ゆえ「比と割合の関係」の確認に徹することにします。

問69 つぎの比例式を解いてみましょう。

のりしろ　　　　　　　　全問正しくできるまで，何回も紙を貼って繰り返してくださいね！　　　　　　　　のりしろ

(1)　4：9 ＝ 8：□　　　　　　　　(2)　7：2 ＝ □：10

(3)　5：12 ＝ 4.5：□　　　　　　　(4)　6：□ ＝ 3：6

(5)　□：24 ＝ 36：12　　　　　　　(6)　□：4.2 ＝ 7：6

③ 比例配分

例題：「40本の鉛筆を兄と弟で5：3の割合に分けた。それぞれ何本もらえますか？」

$$5:3 = (1+1+1+1+1):(1+1+1)$$

そこで，条件として与えられた比を上記のように考えると，この関係からこの比はつぎのように読み替えられるでしょ？

「全体を8等分し，基本となる大きさ"1"を求め，兄に5個，弟に3個に分ける！」

ということは，まず，基本となる"1"の大きさを求めそれを5倍，3倍にすれば解決！

よって，兄の本数は「40本を8等分したうちの5個」，

弟の本数は「40本を8等分したうちの3個」と考え，

兄：$40 \times \frac{5}{8} = 25$　　「分数の積が理解できない方は『$40 \div 8 \times 5 = 25$』なら大丈夫かな！？」

弟：$40 \times \frac{3}{8} = 15$　　「分数の積が理解できない方は『$40 \div 8 \times 3 = 15$』なら大丈夫かな！？」

よって，兄：25本，弟：15本（答え）

補：当然，どちらか一方を求め全体40から引いて求めていいんですからね！

問70 4500円を2組の兄（姉）弟がつぎのように分けるとそれぞれ何円になりますか？

(1) 兄と弟で3：2に分けたい。兄，弟のもらえる分を求めましょう。

(2) 姉と兄と弟で4：3：2に分けたい。姉，兄，弟のもらえる分を求めましょう。

④ 比の値 (52ページ①の「カメが基準」の流れから理解してみましょう！)

比「A：B」の後項Bを基準にし「Bを1と考えたとき『AはBの何倍ですか？』」という形で2つの比の関係を表したものを，"比の値"と呼びます。

ポイント！ 「比の値＝（前項A）÷（後項B）」

よく見る誤答！
$6:8 = 6 \div 8$ ダメ！
$= \frac{6}{8} = \frac{3}{4}$

「比≠比の値」ということをシッカリ確認してくださいね！

例題：比「6：8」の比の値を求めましょう

$$6 \div 8 = \frac{6}{8} = \frac{3}{4}$$

よって，比の値は $\frac{3}{4}$ （答え）

例題：「兄のおこづかいは弟の $\frac{3}{2}$ 倍です。兄と弟の比を求めましょう」

基準となる弟を1としたとき，兄はその $\frac{3}{2}$ 倍（←比の値）を意味するので，「～の○倍」とあれば，「～」の部分が基準になります。

兄：弟 $= \frac{3}{2} : 1 = 3 : 2$ （答え）

問71 つぎの比の値を求めてみましょう。

(1) 9：3

(2) 1.2：1.6

(3) 0.06：2.1

(4) $\frac{3}{7} : \frac{9}{14}$

問72 つぎの各文章を読んで，A：Bを簡単な比で表してみましょう。

(1) AはBの1.2倍です。

(2) Aの長さはBの長さの $\frac{3}{4}$ 倍です。

(3) Bの重さの $\frac{2}{7}$ 倍がAの重さです。

(4) Bの長さの2.4倍がAの長さです。

復習6　割合

① 百分率（%：パーセント）

・百分率（%）のイメージ

肉まん（60個）とあんまん（40個）が全部で100個あります。

これを%で表すと「肉まん60%」，「あんまん40%」と言えるように，百分率とは，

「全体を100個（%）と考え，そのうちの何個（%）か？」

を表していると考えてください。

・%を使わない言葉に変換

ポイント！ 基本は「すべて100等分したうちの何個」と考える

「a%の食塩水 b g」を以下のように訳しましょう！

訳文「食塩水 b gを100等分したうちの a 個が食塩（で，残りは水である）」

例題：「30%の食塩水 210 gに含まれる食塩の量は何gですか？」

訳文「210 gを100等分したうちの30個が食塩です」

"食塩"だろうが"人"だろうがとにかく，100等分したうちの何個と考える！

よって，訳文より食塩を求める式は，$\dfrac{210}{100} \times 30 = 21 \times 3 = 63$　　食塩 63 g（答え）

問73 各問 " % " を使わない言葉に訳してから，式を立て答えてみましょう。

(1) 25%の食塩水 350 gに含まれる食塩の量は何gですか？

訳文「　　　　　　　　　　　　　　　　　　　　　　　　　　　　　　　　　」

(2) あるクラス 45人のうち女子が 60%です。女子は何人いますか？

訳文「　　　　　　　　　　　　　　　　　　　　　　　　　　　　　　　　　」

(3) 定員 200人の電車の乗車率が 75%でした。乗っていた人の人数は何人ですか？

訳文「　　　　　　　　　　　　　　　　　　　　　　　　　　　　　　　　　」

・箱詰め法

例題：「水 140 g に 20 g の食塩を溶かしたら，何％の食塩水になりますか？」

「食塩水＝（水）＋（食塩）」より，食塩水の量 ＝ 140 ＋ 20 ＝ 160 g
よって，食塩水 160 g の中に食塩が 20 g 溶けている。
食塩水には均一に食塩が混ざっていると考え，また，％の基準は 100。
よって，**食塩水 100 g 中に溶けている食塩の量がそのまま％の数値となる。**

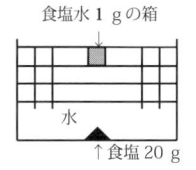

そこで，**1 g の食塩水の箱**をイメージし，160 g の食塩水を 160 箱と考え，この 160 箱に 20 g の食塩を等分に分け（20 ÷ 160），その 1 箱を **100 個集めたときの食塩の量**を求めれば，それが％の数値でしょ！？　したがって，求める式は

$$\frac{20}{140+20} \times 100 = \frac{20}{160} \times 100 = 12.5$$

12.5％（答え）

理科の教科書に見る食塩濃度の公式と比較！
$$\frac{食塩の量}{食塩水} \times 100 = \%$$

問 74 つぎの各問について考えてみましょう。

(1) 水 135 g に食塩 15 g を溶かしたら，何％の食塩水になりますか？

(2) 5％の食塩水 120 g に食塩 22.5 g を溶かしたら，何％の食塩水になりますか？

② 歩合

・割, 分, 厘

先ほどの百分率の基本は 100 等分でしたが, **歩合の基本は 10 等分である。**

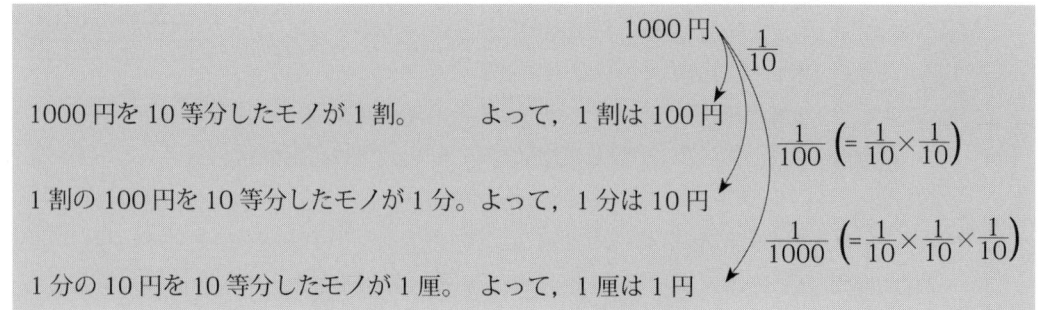

> 1000 円を 10 等分したモノが 1 割。　よって, 1 割は 100 円
>
> 1 割の 100 円を 10 等分したモノが 1 分。　よって, 1 分は 10 円
>
> 1 分の 10 円を 10 等分したモノが 1 厘。　よって, 1 厘は 1 円

1000 円 $\xrightarrow{\frac{1}{10}}$

$\frac{1}{100} \left(= \frac{1}{10} \times \frac{1}{10}\right)$

$\frac{1}{1000} \left(= \frac{1}{10} \times \frac{1}{10} \times \frac{1}{10}\right)$

例題：「240 円の 1 割 5 分はいくらですか？」

1 割 = 10 分
1 分 = 10 厘

1 割は 10 分より, 1 割 5 分を 15 分とする。すると, この場合の 1 分は 240 円を 100 等分したモノゆえ, 問題文はつぎのように

「240 の 1 割 5 分は, 240 を 100 等分したうちの 15 個」と訳せる。

よって, 求める式は, $\frac{240}{100} \times 15 = \frac{24 \times 15}{10} = 36$

36 円（答え）

問 75 つぎの各問について考えてみましょう。

(1) 2400 円の 3 割 2 分 5 厘はいくらですか？

(2) 3700 円を 2 割 5 分引きすると, いくらになりますか？

・割合と歩合

　日常生活ではあまり歩合を目にすることがないので，野球の打率を引用することに！

　ある選手がシーズンを 450 打数 108 安打（450 回打席に立ち，ヒットが 108 本）で終了。では，ヒットを打った割合を歩合で表してみましょう。

　考え方は百分率の"**箱詰め法**"同様，1 打数を 1 箱とし 450 箱に 108 安打を等分に分け，その 1 箱を「10 個集めれば"割"」「100 個なら"分"」「1000 個なら"厘"」となる。ということは，割合（450 箱に 108 安打を等分に分ける）を「10 倍で"割"」「100 倍で"分"」，そして「1000 倍で"厘"」となるわけだね！　よ～く考えれば理解できるから，ガンバ！

　では，割合（1 打数を 1 箱とし 450 箱に 108 安打を等分に分ける）を求めますよ！

$$108 \div 450 = \frac{108}{450} = 0.24 \cdots (*)$$

　　　　　　　　　1 箱に入る安打数

　よって，$(*)$ を割と分に分けると、$0.24 \times 10 = 2.4$（← 2 割），$0.24 \times 100 = 24$（← 4 分）

　ゆえに，この選手の打率は，2 割 4 分（答え）日常生活で使わないのでイメージできないなら素通りしてもいいよ！

問 76　つぎの各問について考えてみましょう。

(1) ある選手がシーズンにおいて 480 打数 132 安打のとき，打率を求めてください。

(2) 定価 2780 円の品物を 1807 円で売った。割引の歩合を求めてください。

年　　月　　日（　午前・午後　）　時　　分

復習7　平均

① **平均**：「バラバラの数量を皆おなじ大きさにならす」ことを言います。

$$平均 = \frac{数量の総和}{個数} \quad \Leftrightarrow \quad （数量の総和） = （平均） \times （個数）$$

例題：「漢字小テスト5回（7点，6点，5点，8点，6点）の平均点を求めましょう」

$(7 + 6 + 5 + 8 + 6) \div 5 = 6.4$ 　　　　平均点6.4点（答え）

「5回の点数を全部加え，それを5等分することで同じ大きさにならす！」

② **仮平均**　各数量または個数が大きいときに便利だよ！

感覚として他の数量との差が小さいモノを選んで**仮の平均**とし，それを基準に各数量との差を求め，その差の平均をとる。（算数では，一番小さい数量を仮平均とする）

$$（仮の平均） + （各差の平均） = （全体の平均）$$

例題：「6人の体重（52 kg，58 kg，57 kg，48 kg，55 kg，54 kg）の平均を求めましょう」

48kgを仮平均とし，各体重との差（4kg，10kg，9kg，0kg，7kg，6kg）の平均を求めると

$(4 + 10 + 9 + 0 + 7 + 6) \div 6 = 36 \div 6 = 6$

注：自分を加えることを忘れ，「÷5」としがちです。必ず自分との差 "0" も加えるんですよ！

よって，　　　　　$48 + 6 = 54$ 　　　　　　　平均体重は，54kg（答え）

問77　つぎの各平均の値を求めてみましょう。

のりしろ　　　　　　　　全問正しくできるまで，何回も紙を貼って繰り返してくださいね！　　　　　　　　のりしろ

(1) 6カ月間，毎月（5冊，7冊，4冊，0冊，3冊，8冊）読んだ本の月平均冊数を求めてください。

(2) 7人の身長（149cm，153cm，157cm，142cm，156cm，160cm，154cm）の平均身長を求めてください。(2)は"仮の平均を利用した場合"と"しない場合"の両方で求めてみましょう。

復習8　単位

① **長さ**　　1km = 1000m　　1 m = 100cm　　1cm = 10mm

② **面積**：一定の面の広さを表す量（正方形の面積に着目！）
　　　（イメージとしては，m〈メートル〉を基準に1辺の長さが順に10倍だね！）

$1m^2$（平方メートル）$= 1m \times 1m = 100cm \times 100cm = 10000cm^2$　（← $1cm^2 = 1cm \times 1cm$）
$1a$（アール）　$= 10m \times 10m = 100m^2$
$1ha$（ヘクタール）$= 100m \times 100m = 10000m^2 = 100\,a$（アール）
$1km^2$（平方キロメートル）$= 1000m \times 1000m = 1000000m^2 = 100\,ha$

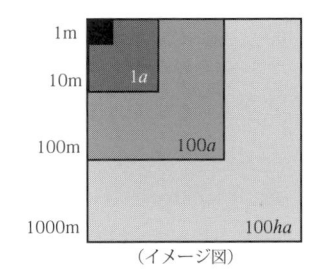

③ **重さ**　　1t（トン）= 1000kg　　1kg（キログラム）= 1000g

④ **体積**：モノの大きさを表す量（立方体の体積に着目！）
　　　（イメージとしては，cm〈センチメートル〉を基準に1辺の長さが順に10倍だね！）

$1L\ (= 10dL) = 10cm \times 10cm \times 10cm = 1000cm^3 \leftarrow 1cm^3 = 1cm \times 1cm \times 1cm = 0.001L$
　　　　　　　　　　　　　　　　$= 1000mL \leftarrow 1cm^3 = 1mL = 0.001L$
$1kL = 1m^3 = 1m \times 1m \times 1m = 100cm \times 100cm \times 100cm = 1000000cm^3$
$1dL = 100cm^3$

（イメージ図）

$0.001L = 1cm^3$
$1dL = 100cm^3$
$1L = 1000cm^3 = 10dL$
$1kL = 1000000cm^3$

問78　つぎの各問の単位に対する直方体の体積を求めてみましょう。

(1) [m^3], [cm^3]

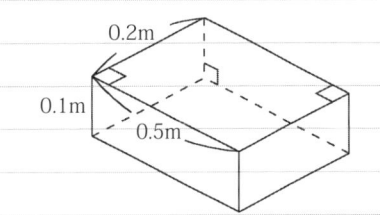

(2) [mL], [L], [dL]

(3) 容器の水を1辺が2cmの立方体の容器に分けるとき，何個必要ですか？

⑤ "時間" と "速さ" と "距離" の関係

```
基本公式：(速さ) × (時間) = (距離) … (＊)
        (速さ)        = (距離) ÷ (時間)
        (時間)        = (距離) ÷ (速さ)
```

<速さ> 距離の単位に注意！
・時速：1時間に進む距離（km）
・分速：1分間に進む距離（m）
・秒速：1秒間に進む距離（m）

(＊) 式の意味
"速さ" とは「単位時間あたりに進む距離」なので，"速さ" に "時間" をかけると進んだ "距離" が求められるわけなんです！

例題：「分速 35 m で 1 時間 20 分歩きました。進んだ距離を求めましょう」
　　速さが分速なので "1時間20分を分で表す" と，60 ＋ 20 ＝ 80 より 80 分
　　よって，(速さ) × (時間) ＝ (距離) より，35 × 80 ＝ 2800
　　　　　　　　　　　　　　　　　　　　　　　　　　進んだ距離は，2800 m（答え）

例題：「1.2km を 30 分で歩きました。この時の時速，分速，秒速を求めましょう」
　　時速：単位の計算 ⇒ (km) ÷ (時間)　30 分を時間に換算すると 30 ÷ 60 ＝ 0.5 より，
　　　「30 分は 0.5 時間」よって，1.2 ÷ 0.5 ＝ 2.4　　　　時速 2.4km　（答え）

　　分速：単位の計算 ⇒ (m) ÷ (分)　1.2km を m に換算すると 1.2 × 1000 ＝ 1200 より，
　　　「1.2km は 1200m」よって，1200 ÷ 30 ＝ 40　　　　分速 40m　（答え）

　　秒速：単位の計算 ⇒ (m) ÷ (秒)　30 分を秒に換算すると 30 × 60 ＝ 1800 より，
　　　「30 分は 1800 秒」よって，1200 ÷ 1800 ＝ 0.666…　秒速 0.67 m（答え）
　　　　　　　　　　　　　感覚としてイメージしやすいように，小数第 3 位で四捨五入してみました。

補：ここでは問題の数値より直接各速さを求めましたが，実際はそれぞれの速さから「時速⇔分速⇔秒速」と換算してもいいよ！

問 79 ［速さ］つぎの各問について考えてみましょう。

のりしろ　　　　　　　全問正しくできるまで，何回も紙を貼って繰り返してくださいね！　　　　　のりしろ

(1) 240km を走るのに車で 4 時間かかった。時速を求めてください。

(2) 時速 72km から分速，秒速を求めてください。

問 80 ［距離］つぎの各問について考えてみましょう。

(1) 分速 54m で 42 分歩きました。進んだ距離は何 km か求めてください。

(2) 時速 72km で 36 分車で走ったとき，進んだ距離は何 km か求めてください。

問 81 ［時間］つぎの各問について考えてみましょう。

(1) 6.12km を分速 60m で歩いたとき，何分かかりますか。

(2) 21km の距離を自転車で時速 15km で走ったとき，何時間何分かかりますか。

問 82 ウサイン・ボルト選手は 100 m（9.58 秒）の世界記録を出しました。では，これより秒速，分速，時速を求めてみましょう。ただし，割り切れない場合は小数第 3 位を四捨五入ね！

復習 9　平面図形［面積］

① 三角形

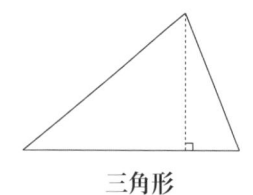

三角形
定義：3本の線分に囲まれた平面の一部分

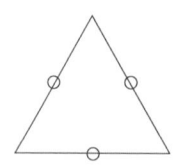

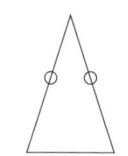

正三角形
定義：3つの辺の長さがすべて等しい三角形

二等辺三角形
定義：2つの辺の長さが等しい三角形

（面積）＝（底辺）×（高さ）× $\frac{1}{2}$

② 四角形

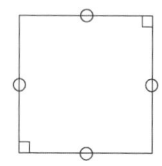

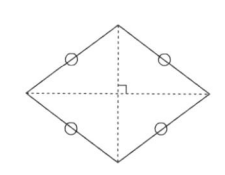

長方形
定義：4つの角がすべて直角な四角形
（面積）＝（タテ）×（ヨコ）

正方形
定義：4つの角が等しく4つの辺が等しい四角形
（面積）＝（1辺）×（1辺）

ひし形
定義：4つの辺の長さがすべて等しい四角形
（面積）＝（対角線）×（対角線）× $\frac{1}{2}$

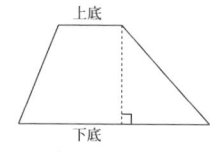

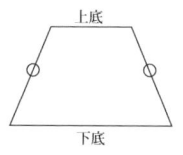

平行四辺形
定義：2組の対辺がそれぞれ平行な四角形
（面積）＝（底辺）×（高さ）

台形　等脚台形
台形の定義：1組の対辺が平行である四角形
（面積）＝｛（上底）＋（下底）｝×（高さ）× $\frac{1}{2}$

③ 円

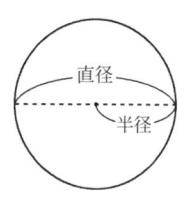

定義：ある1点から等距離の点の集まり

（直径）＝（半径）× 2

（円周）＝（直径）×（円周率：3.14）

（面積）＝（半径）×（半径）×（円周率：3.14）

問 83　つぎの各問の面積（一部長さ）を求めてみましょう。

のりしろ　全問正しくできるまで，何回も紙を貼って繰り返してくださいね！　のりしろ

(1) 三角形の面積

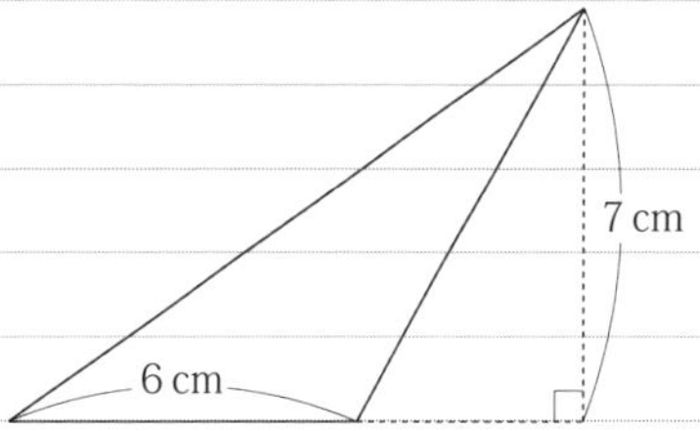

(2) 平行四辺形の面積

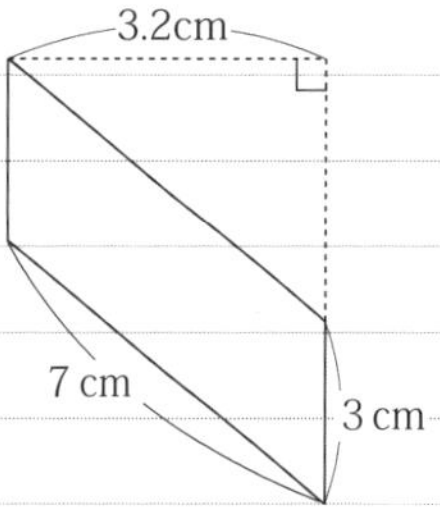

(3) 台形の面積

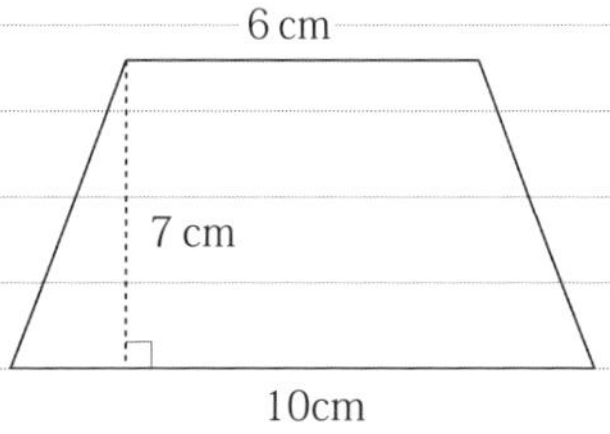

(4) 平行四辺形のグレー部分の面積

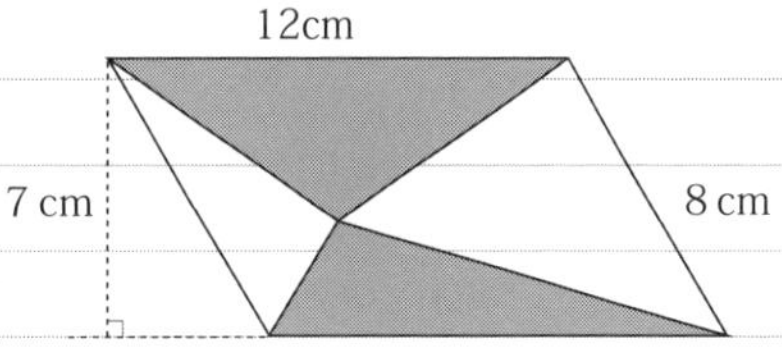

(5) 右の円の一部分であるグレーの部分のまわりの長さおよび，面積

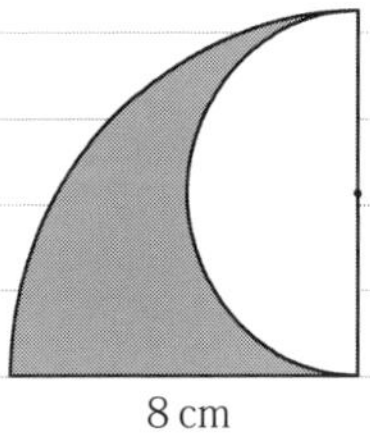

(6) 右の図におけるグレーの部分の面積

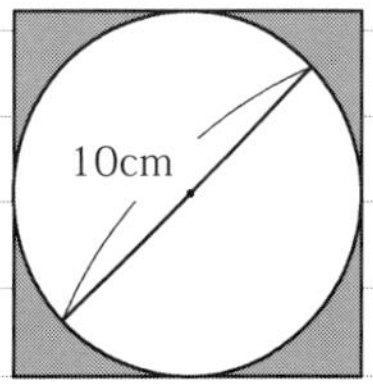

復習10　空間図形［体積と展開図］

- ～柱：名称は「～」の部分に底面の形が入る。

　　（体積）＝（底面積）×（高さ）

展開図の縮尺はイメージです。

① 三角柱

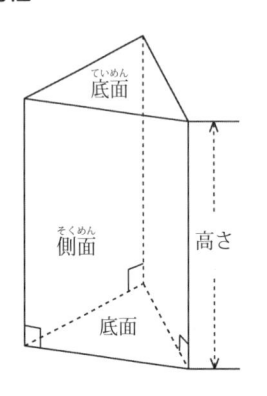

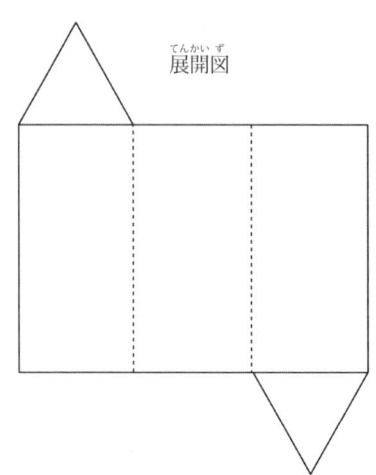

展開図

② 四角柱

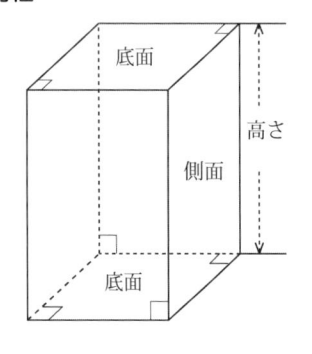

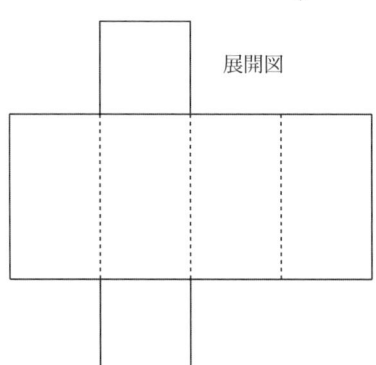

展開図

- 底面が長方形の場合 **"直方体"**
- 底面が正方形でたて＝横＝高さの場合 **"立方体"** と呼びます。

③ 円柱

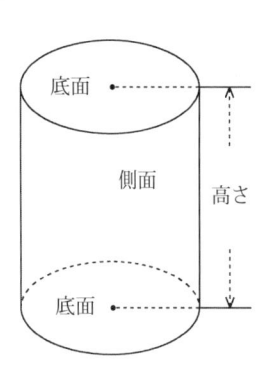

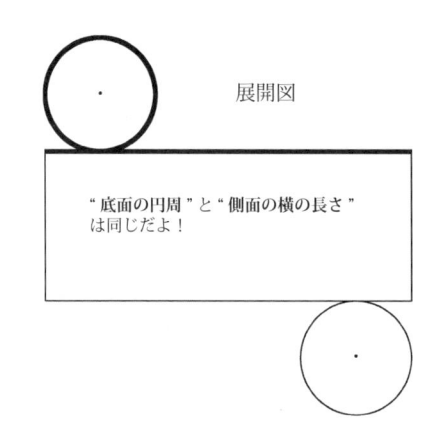

展開図

"底面の円周" と "側面の横の長さ" は同じだよ！

問84 つぎの各問を考えてみましょう。

(1) この立体の名称を教えてください。

(2) 側面の面積を求めてください。

(3) この立体の体積を求めてください。

問85 つぎの立体の名称を書き，また，体積を求めてみましょう。

問86 つぎの各問について考えてみましょう。　円周率：3.14

(1) この展開図の立体の名称を教えてください。

(2) グレーの部分の面積を求めてください。

(3) この立体の体積を求めてください。

高橋 一雄(たかはし かずお)

ろう重複作業所で指導員をした後，1994年東京学芸大学卒業。埼玉県内の予備校や塾で講師を務めながら『語りかける中学数学』（ベレ出版）を執筆。語りかけるスタイルと，わかりやすい内容が人気となり，異例のヒットとなる。以後，『語りかける中学数学 問題集』（ベレ出版），『もう一度 高校数学』（日本実業出版社）など数学の著書を続刊。

かずお式中学数学ノート1
算数復習編

2013年1月31日　初版第1刷発行
2025年1月31日　　　　　第5刷発行

著者	高橋 一雄
イラスト	吉田 守利
発行者	吉田 由紀
編集	佐藤 夏理
装丁	横山 千里
発行所	朝日学生新聞社
	〒104-8433　東京都中央区築地5-3-2　朝日新聞社新館13階
	電話03-3545-5436
印刷所	株式会社渋谷文泉閣

©Simple & Honest 2013 Printed in Japan
ISBN 978-4-904826-80-5

本書の無断複写・複製・転載を禁じます。乱丁，落丁本はおとりかえいたします。

別冊

かずお式
中学数学ノート 1

算数復習編

解答編

朝日学生新聞社

解答編

かずお式中学数学ノート　算数復習編

復習1　四則計算の確認！

問1（p 4）
(1) $12+7=19$　(2) $37+2=39$　(3) $91+8=99$
(4) $23+51=74$　(5) $37+42=79$　(6) $82+17=99$
(7) $125+73=198$　(8) $641+57=698$
(9) $825+74=899$　(10) $371+1527=1898$
(11) $3759+4240=7999$　(12) $7025+1974=8999$

問2（p 5）
(1) $17+9=26$　(2) $45+8=53$　(3) $89+9=98$
(4) $47+15=62$　(5) $39+52=91$　(6) $73+18=91$
(7) $348+215=563$　(8) $679+211=890$
(9) $734+147=881$　(10) $129+2453=2582$
(11) $4572+19=4591$　(12) $7263+527=7790$
(13) $2148+3523=5671$　(14) $7563+1219=8782$
(15) $5328+2456=7784$

問3（p 6）
(1) $97+8=105$　(2) $85+16=101$　(3) $56+45=101$
(4) $38+73=111$　(5) $72+59=131$　(6) $47+65=112$
(7) $357+44=401$　(8) $592+9=601$
(9) $867+152=1019$　(10) $1289+3215=4504$
(11) $3817+2344=6161$　(12) $8906+1253=10159$

問4（p 7）
(1) $18-6=12$　(2) $55-3=52$　(3) $78-8=70$
(4) $65-43=22$　(5) $79-76=3$　(6) $58-38=20$
(7) $185-72=113$　(8) $327-226=101$
(9) $957-646=311$　(10) $1864-1751=113$
(11) $7958-5742=2216$　(12) $4982-3972=1010$

問5（p 8）
(1) $15-8=7$　(2) $72-6=66$　(3) $38-9=29$
(4) $127-18=109$　(5) $257-39=218$
(6) $481-76=405$　(7) $562-437=125$
(8) $723-615=108$　(9) $487-269=218$
(10) $352-161=191$　(11) $1251-921=330$
(12) $2458-1377=1081$　(13) $4278-2651=1627$
(14) $7514-5374=2140$　(15) $3475-2384=1091$

問6（p 9）
(1) $102-17=85$　(2) $208-39=169$
(3) $305-76=229$　(4) $507-198=309$
(5) $701-382=319$　(6) $907-498=409$
(7) $1205-38=1167$　(8) $1103-24=1079$
(9) $2408-935=1473$　(10) $7005-6726=279$
(11) $5013-2937=2076$　(12) $3102-1745=1357$

問7（p 10）
(1) $3\times10=30$　(2) $5\times100=500$
(3) $24\times1000=24000$　(4) $100\times34=3400$
(5) $7\times20=140$　(6) $300\times8=2400$

問8

(1)
```
      4
　×　52
　　　8
　+200
　　208
```

(2)
```
    1²3
　×　 7
　　 91
```
「$3\times7=21$ で
2が繰り上がる！」

(3)
```
    7³5
　×　 6
　　450
```
「$5\times6=30$ で
3が繰り上がる！」

問9（p 11）
(1) $142\times6=852$
タテ型筆算では，右の3行における
グレー枠の繰り上がりに注意しつつ
暗算して852の答えを導きます！

```
      142
　×　   6
　　　 １2
　　 ２40
　+ 600
　　　852
```

(2)以降は答えだけでごめんなさい！
(2) $548\times4=2192$　(3) $675\times7=4725$
(4) $379\times5=1895$　(5) $802\times9=7218$
(6) $1573\times2=3146$　(7) $5204\times3=15612$
(8) $6713\times8=53704$　(9) $7049\times7=49343$

問10（p 12）
(1) $32\times17=544$　(2) $48\times35=1680$
(3) $73\times98=7154$　(4) $28\times37=1036$
(5) $72\times208=14976$　(6) $37\times835=30895$
(7) $295\times37=10915$　(8) $807\times61=49227$
(9) $972\times57=55404$

問 11 (p 13)

(1) $217 \times 735 = 159495$ (2) $493 \times 567 = 279531$

(3) $7309 \times 604 = 4414636$ (4) $3728 \times 4076 = 15195328$

問 12 (p 14) ここは答えだけで許してね！汗

(1) 9 (2) 7 (3) 3 (4) 9 (5) 4 (6) 9
(7) 7 (8) 7 (9) 8 (10) 5 (11) 8 (12) 2
(13) 2 (14) 3 (15) 7 (16) 2 (17) 9 (18) 8
(19) 2 (20) 6 (21) 4 (22) 5 (23) 9 (24) 7
(25) 6 (26) 5 (27) 3 (28) 4 (29) 3 (30) 5
(31) 6 (32) 7 (33) 5 (34) 3 (35) 5 (36) 9
(37) 8 (38) 8 (39) 4 (40) 8 (41) 3 (42) 4
(43) 9 (44) 9 (45) 3 (46) 2 (47) 8 (48) 7
(49) 6 (50) 7 (51) 3 (52) 6 (53) 5 (54) 4
(55) 6 (56) 4 (57) 6 (58) 8 (59) 6 (60) 9

問 13 (p 15)

(1) $64 \div 4 = 16$
　　右のようにタテ型筆算をしてね！

(2) $96 \div 8 = 12$

(3) $81 \div 3 = 27$

(4) $78 \div 6 = 13$

(5) $94 \div 2 = 47$

(6) $84 \div 7 = 12$

```
    1 6
4 ) 6 4
    4
    ─
    2 4
    2 4
    ───
    0
```

問 14 (p 16)

(1) $462 \div 3 = 154$ (2) $924 \div 4 = 231$

(3) $888 \div 6 = 148$ (4) $959 \div 7 = 137$

(5) $9704 \div 8 = 1213$ (6) $9225 \div 9 = 1025$

問 15 (p 17)

(1) $111 \div 3 = 37$ (2) $108 \div 4 = 27$

(3) $192 \div 6 = 32$ (4) $336 \div 7 = 48$

(5) $2440 \div 8 = 305$ (6) $2313 \div 9 = 257$

問 16 (p 18)

(1) $372 \div 12 = 31$ (2) $459 \div 17 = 27$

(3) $805 \div 23 = 35$ (4) $7776 \div 32 = 243$

(5) $1785 \div 51 = 35$ (6) $6426 \div 63 = 102$

問 17 (p 19)

(1) $31 \div 4 = 7$ あまり 3
　　右のようにタテ型筆算をしてね！

(2) $427 \div 18 = 23$ あまり 13

(3) $557 \div 26 = 21$ あまり 11

(4) $742 \div 31 = 23$ あまり 29

(5) $1181 \div 43 = 27$ あまり 20

(6) $4492 \div 121 = 37$ あまり 15

```
        7
4 ) 3 1
    2 8
    ───
      3 ← (あまり)
```

問 18 (p 20)

(1) $92 \div 4 = 23$ (2) $896 \div 8 = 112$

(3) $1722 \div 6 = 287$ (4) $2146 \div 37 = 58$

(5) $2109 \div 57 = 37$ (6) $1633 \div 71 = 23$

問 19

(1) $997 \div 8 = 124$ あまり 5

(2) $427 \div 17 = 25$ あまり 2

(3) $6874 \div 237 = 29$ あまり 1

問 20 (p 21)

(1) $23 - 9 + 7 - 12 = 9$

(2) $47 - 31 + 7 - 5 = 18$

(3) $72 - 49 - 15 + 18 = 26$

(4) $102 - 75 - 21 + 9 = 15$

問 21

(1) $36 \div 12 \times 4 = 3 \times 4 = 12$

(2) $42 \div 3 \div 7 \times 10 = 14 \div 7 \times 10 = 2 \times 10 = 20$

(3) $81 \div 9 \times 9 \div 3 = 9 \times 9 \div 3 = 81 \div 3 = 27$

(4) $72 \div 36 \times 2 \times 4 \div 8 = 2 \times 2 \times 4 \div 8 = 2 \times 8 \div 8 = 2$
　　　　　　　　　　　　　　　　ココを先にやると楽だね！

問 22 (p 22)

(1) $11 + 4 \times 8 = 11 + 32 = 43$

(2) $24 - 12 \div 6 = 24 - 2 = 22$

(3) $36 - 7 \times 2 - 6 \div 3 = 36 - 14 - 2 = 22 - 2 = 20$

(4) $45 - 28 \div 4 - 5 \times 2 = 45 - 7 - 10 = 38 - 10 = 28$

(5) $62 - 28 \div 7 \times 12 = 62 - 4 \times 12 = 62 - 48 = 14$

(6) $11 + 49 \div 7 \times 3 = 11 + 7 \times 3 = 11 + 21 = 32$

(7) $72 \div 3 - 36 \div 12 \times 2 = 24 - 3 \times 2 = 24 - 6 = 18$

(8) $56 \div 4 - 4 \times 3 = 14 - 12 = 2$

(9) $75 - 5 \times 90 \div 10 = 75 - 450 \div 10 = 75 - 45 = 30$

(10) $266 \div 14 \times 2 - 7 \times 4 = 19 \times 2 - 28 = 38 - 28 = 10$

問23 (p 23)

(1) $(4 + 8 \times 5) \div 11 - 3 = (4 + 40) \div 11 - 3$
$= 44 \div 11 - 3$
$= 4 - 3 = 1$

(2) $(13 - 7) \times 2 + 4 - 27 \div 3 = 6 \times 2 + 4 - 9$
$= 12 + 4 - 9 = 7$

(3) $\{8 + 2 \times (18 - 9) \div 3\} \div 7 = (8 + 2 \times 9 \div 3) \div 7$
$= (8 + 18 \div 3) \div 7$
$= (8 + 6) \div 7$
$= 14 \div 7 = 2$

(4) $24 - 252 \div (40 + 13 \times 3 - 16)$
$= 24 - 252 \div (40 + 39 - 16)$
$= 24 - 252 \div 63$
$= 24 - 4 = 20$

問24 (p 24)

(1) $7 \times (11 + 8) = 7 \times 11 + 7 \times 8 = 77 + 56 = 133$
(2) $4 \times (21 - 9) = 4 \times 21 - 4 \times 9 = 84 - 36 = 48$
(3) $(15 - 9) \times 6 = 15 \times 6 - 9 \times 6 = 90 - 54 = 36$
(4) $(32 + 11) \times 2 = 32 \times 2 + 11 \times 2 = 64 + 22 = 86$

問25

(1) $7 \times 38 + 42 \times 7 = 7 \times (38 + 42)$
$= 7 \times 80$
$= 560$

(2) $11 \times 73 - 33 = 11 \times 73 - 11 \times 3$
$= 11 \times (73 - 3)$
$= 11 \times 70$
$= 770$

復習2　小数の四則計算

問26 (p 25)

(1) $1.2 + 2.5 = 3.7$　　(2) $4.3 + 1.4 = 5.7$
(3) $0.4 + 3.5 = 3.9$　　(4) $2.74 + 1.25 = 3.99$
(5) $3.45 + 6.37 = 9.82$　　(6) $1.98 + 0.03 = 2.01$
(7) $0.03 + 0.09 = 0.12$　　(8) $7.2 + 1.89 = 9.09$
(9) $8.04 + 2.66 = 10.7$

問27 (p 26)

(1) $3.2 - 2.7 = 0.5$　　(2) $1.84 - 1.23 = 0.61$
(3) $6.38 - 4.78 = 1.6$　　(4) $3.47 - 1.59 = 1.88$
(5) $5.04 - 2.05 = 2.99$　　(6) $4 - 3.78 = 0.22$
(7) $8.31 - 7.58 = 0.73$　　(8) $7.2 - 1.89 = 5.31$
(9) $8.04 - 2.66 = 5.38$

問28 (p 27)

(1) $0.4 \times 2 = 0.8$　　(2) $0.7 \times 3 = 2.1$
(3) $1.49 \times 26 = 38.74$　　(4) $3.2 \times 1.2 = 3.84$
(5) $4.05 \times 2.3 = 9.315$　　(6) $5.17 \times 1.46 = 7.5482$

問29 (p 28)

(1) $3.8 \div 2 = 1.9$　　(2) $7.26 \div 6 = 1.21$
(3) $16.45 \div 7 = 2.35$　　(4) $26.52 \div 13 = 2.04$
(5) $60.48 \div 27 = 2.24$　　(6) $128.64 \div 32 = 4.02$

問30 (p 29)

(1) $2.1 \div 3 = 0.7$　　(2) $0.72 \div 6 = 0.12$
(3) $4.32 \div 9 = 0.48$　　(4) $8.68 \div 14 = 0.62$
(5) $9.01 \div 17 = 0.53$　　(6) $15.141 \div 21 = 0.721$

問31 (p 30)

(1) $3.1 \div 4 = 0.7$ あまり 0.3
(2) $5.8 \div 3 = 1.9$ あまり 0.1
(3) $9.5 \div 8 = 1.1$ あまり 0.7
(4) $17.4 \div 7 = 2.4$ あまり 0.6
(5) $19.7 \div 15 = 1.3$ あまり 0.2
(6) $41.3 \div 21 = 1.9$ あまり 1.4

問32 (p 31)

(1) $7 \div 4 = 1.75$　　(2) $9 \div 12 = 0.75$
(3) $14 \div 8 = 1.75$　　(4) $27 \div 12 = 2.25$
(5) $24 \div 32 = 0.75$　　(6) $342 \div 24 = 14.25$

問33 (p 32)

(1) $5 \div 0.4 = 12.5$　　(2) $7 \div 1.4 = 5$
(3) $9 \div 1.2 = 7.5$　　(4) $11 \div 1.25 = 8.8$
(5) $27 \div 2.5 = 10.8$　　(6) $6 \div 3.2 = 1.875$

問 34 （p 33）
(1) $5.16 \div 1.2 = 4.3$
(2) $8.05 \div 3.5 = 2.3$
(3) $9.72 \div 2.7 = 3.6$
(4) $25.62 \div 4.2 = 6.1$
(5) $3.861 \div 1.43 = 2.7$
(6) $22.274 \div 6.02 = 3.7$

問 35 （p 34）

(1)(2)だけタテ型筆算を表示しますね！

(1) $9.42 \div 2.7 \Rightarrow （\times 10）: 94.2 \div 27$ で商を求める。

商はそれぞれ 10 倍しても同じですが，あまりは最初の数同士の関係を考えなくてはダメなのね！
だから，最初の小数点が下りてきて，あまりが「0.24」となるわけ！

```
          3.4
   27) 9.4.2
       8 1
       1 3 2
       1 0 8
       0.2 4
```

よって，$9.42 \div 2.7 = 3.4$ あまり 0.24

(2) $8.19 \div 1.9 \Rightarrow （\times 10）: 81.9 \div 19$ で商を求める。

最初の小数点が下りてきて，0.0 を補ってあまりが「0.02」となる。

```
          4.3
   19) 8.1.9
       7 6
       5 9
       5 7
       0.0 2
```

よって，$8.19 \div 1.9 = 4.3$ あまり 0.02

(3) $17.17 \div 3.1 = 5.5$ あまり 0.12
(4) $13.21 \div 5.7 = 2.3$ あまり 0.1
(5) $28.79 \div 6.4 = 4.4$ あまり 0.63
(6) $5.451 \div 1.23 = 4.4$ あまり 0.039

復習 3　素数と倍数と約数

問 36 （p 35）
　素数 ⇒ 2, 53, 83

問 37
(1) $15 = 3 \times 5$
(2) $60 = 2 \times 2 \times 3 \times 5$
(3) $126 = 2 \times 3 \times 3 \times 7$
(4) $315 = 3 \times 3 \times 5 \times 7$

以下の素因数分解の方法参照

(1)
```
3) 15
    5
```

(2)
```
2) 60
2) 30
3) 15
    5
```

(3)
```
2) 126
3)  63
3)  21
    7
```

(4)
```
3) 315
3) 105
5)  35
    7
```

問 38
8個（2, 3, 5, 7, 11, 13, 17, 19）

問 39

下の 1 ～ 100 までの数に斜線＼，丸○，バツ× などで，以下の条件に当てはまる数を消していき，残った数が素数です。「エラトステネスのふるい」と呼ばれる方法が有名です。考え方は，一番小さい素数から順番に，その倍数を消していく。

① 1 は素数でないので消す。
② 2 を除く 2 の倍数を消す。
③ 3 を除く 3 の倍数を消す。
④ 5 を除く 5 の倍数を消す。
⑤ 7 を除く 7 の倍数を消す。
⑥ 11 を除く 11 の倍数を消す。

①～⑥を順番にやってみてください！

1	2	3	4	5
6	7	8	9	10
11	12	13	14	15
16	17	18	19	20
21	22	23	24	25
26	27	28	29	30
31	32	33	34	35
36	37	38	39	40
41	42	43	44	45
46	47	48	49	50
51	52	53	54	55
56	57	58	59	60
61	62	63	64	65
66	67	68	69	70
71	72	73	74	75
76	77	78	79	80
81	82	83	84	85
86	87	88	89	90
91	92	93	94	95
96	97	98	99	100

よって，素数の数は，全部で 25 個

問 40 （p 36）
(1) 5 の倍数 ⇒ 5, 10, 15, 20, 25, 30
(2) 8 の倍数 ⇒ 8, 16, 24, 32, 40, 48
(3) 12 の倍数 ⇒ 12, 24, 36, 48, 60, 72

問 41

考え方は「各倍数をそれぞれ並べて，共通な数を選べばｏｋ」
(最小公倍数の倍数と考えてもｏｋ)

(1) 6, 12, 18 　　(2) 12, 24, 36 　　(3) 35, 70, 105

問 42

右のように一緒に素因数分解し，
矢印の順にすべてかけ算！
よって，最小公倍数は
　　$2 × 2 × 3 × 3 × 4 = 144$

```
2 ) 36  48
2 ) 18  24
3 )  9  12
     3   4
```

問 43 （p 37）

考え方は「両側から攻めていく！」

(1) 1, 3, 9

(2) 1, 2, 3, 4, 6, 8, 12, 24

(3) 1, 2, 3, 4, 6, 8, 9, 12, 18, 24, 36, 72

問 44

考え方は「各約数をそれぞれ並べて，共通な数を選べばｏｋ」

(1) 1, 2 　　(2) 1, 7 　　(3) 1, 2, 4, 8

問 45

右のように一緒に素因数分解し，
矢印の順にすべてかけ算！
よって，最大公約数は
　　$2 × 2 × 3 = 12$

```
2 ) 60  84
2 ) 30  42
3 ) 15  21
     5   7
```

復習 4　分数

p 38 ③

(ⅰ) 小さい　　(ⅱ) 1, 大きい

問 46 （p 39）

ここでは約分をしないでｏｋ！

(ア) $\dfrac{2}{4}$ 　(イ) $\dfrac{5}{4}$ 　(ウ) $\dfrac{7}{4}$ 　(エ) $\dfrac{8}{4}$

(オ) $\dfrac{9}{4}$ 　(カ) $1\dfrac{2}{4}$ 　(キ) $2\dfrac{1}{4}$

問 47

(1) $\dfrac{3}{5} = \dfrac{\square}{20}$ より，分母に着目し，左側 (5) の 4 倍が右側 (20)
ゆえ，分子も同様に，$\square = 3 × 4 = 12$

(2) $\dfrac{\square}{4} = \dfrac{\cancel{9}^{3}}{\cancel{12}_{4}} = \dfrac{3}{4}$ このように，右側の分数を 3 で約分する
ことで $\square$ が求まる。

(3) $\dfrac{2}{3} = \dfrac{6}{\square}$ より，分子に着目し，左側 (2) の 3 倍が右側 (6)
ゆえ，分母も同様に，$\square = 3 × 3 = 9$
また，$\dfrac{2}{3} = \dfrac{\square}{15}$ より，$\square = 2 × 5 = 10$

(4) $\dfrac{4}{\square} = \dfrac{\cancel{12}^{4}}{\cancel{27}_{9}} = \dfrac{4}{9}$ このように，真ん中の分数を 3 で
約分することで $\square$ が求まる。
また，上の結果を利用し，$\dfrac{4}{9} = \dfrac{\square}{45}$ より，分母に着目し，
左側 (9) の 5 倍が右側 (45) ゆえ，分子も同様に，
$\square = 4 × 5 = 20$

問 48

(1) $\dfrac{7}{2} = 3\dfrac{1}{2}$ 　(2) $1\dfrac{3}{5} = \dfrac{8}{5}$ 　(3) $4\dfrac{2}{3} = \dfrac{14}{3}$

(4) $\dfrac{17}{6} = 2\dfrac{5}{6}$ 　(5) $3\dfrac{5}{8} = 1 + 2\dfrac{5}{8} = 1 + \dfrac{21}{8} = 1\dfrac{21}{8}$

問 49

(1) 2 で約分 ⇒ $\dfrac{\cancel{4}^{2}}{\cancel{6}_{3}} = \dfrac{2}{3}$ 　　(2) 3 で約分 ⇒ $\dfrac{\cancel{12}^{4}}{\cancel{9}_{3}} = \dfrac{4}{3}$

(3) 5 で約分 ⇒ $\dfrac{\cancel{15}^{3}}{\cancel{20}_{4}} = \dfrac{3}{4}$ 　　(4) 6 で約分 ⇒ $\dfrac{\cancel{12}^{2}}{\cancel{54}_{9}} = \dfrac{2}{9}$

問 50 （p 40）

(1) $2 = \dfrac{2}{1} = \dfrac{2 × 3}{1 × 3} = \dfrac{6}{3}$

(2) $7 = \dfrac{7}{1} = \dfrac{7 × 4}{1 × 4} = \dfrac{28}{4}$

(3) $11 = \dfrac{11}{1} = \dfrac{11 × 2}{1 × 2} = \dfrac{22}{2}$

(4) $21 = \dfrac{21}{1} = \dfrac{21 × 7}{1 × 7} = \dfrac{147}{7}$

問 51

(1) 10 倍して小数点を消し，10 で割る！　よって，$\dfrac{8}{10}$

(2) 10 倍して小数点を消し，10 で割る！　よって，$\dfrac{21}{10}$

(3) 100 倍して小数点を消し，100 で割る！
　　よって，$\dfrac{25}{100}$

(4) 1000 倍して小数点を消し，1000 で割る！
　　よって，$\dfrac{3029}{1000}$

問 52　（p 41）

現時点では，(3) 以降の答案でｏｋ！

(1) $\dfrac{4}{5}+\dfrac{2}{5}=\dfrac{4+2}{5}=\dfrac{6}{5}$　　(2) $\dfrac{6}{9}+\dfrac{7}{9}=\dfrac{6+7}{9}=\dfrac{13}{9}$

(3) $\dfrac{4}{6}+\dfrac{2}{6}=\dfrac{\cancel{6}^{1}}{\cancel{6}_{1}}=1$　　(4) $\dfrac{9}{4}+\dfrac{3}{4}=\dfrac{\cancel{12}^{3}}{\cancel{4}_{1}}=3$

(5) $\dfrac{7}{12}+\dfrac{8}{12}=\dfrac{\cancel{15}^{5}}{\cancel{12}_{4}}=\dfrac{5}{4}$　　(6) $\dfrac{9}{21}+\dfrac{5}{21}=\dfrac{\cancel{14}^{2}}{\cancel{21}_{3}}=\dfrac{2}{3}$

問 53

通常は (3) 以降のスッキリ答案でｏｋ！

(1) $\dfrac{11}{9}-\dfrac{5}{9}=\dfrac{11-5}{9}=\dfrac{\cancel{6}^{2}}{\cancel{9}_{3}}=\dfrac{2}{3}$

(2) $\dfrac{15}{4}-\dfrac{7}{4}=\dfrac{15-7}{4}=\dfrac{\cancel{8}^{2}}{\cancel{4}_{1}}=2$

(3) $\dfrac{13}{6}-\dfrac{4}{6}=\dfrac{9}{6}=\dfrac{3}{2}$

(4) $\dfrac{19}{15}-\dfrac{7}{15}=\dfrac{12}{15}=\dfrac{4}{5}$

(5) $\dfrac{9}{10}-\dfrac{3}{10}=\dfrac{6}{10}=\dfrac{3}{5}$

(6) $\dfrac{12}{27}-\dfrac{3}{27}=\dfrac{9}{27}=\dfrac{1}{3}$

問 54

(1) $\dfrac{4}{6}+\dfrac{9}{6}-\dfrac{1}{6}=\dfrac{4+9-1}{6}=\dfrac{12}{6}=2$

(2) $\dfrac{17}{14}-\dfrac{5}{14}+\dfrac{9}{14}=\dfrac{17-5+9}{14}=\dfrac{21}{14}=\dfrac{3}{2}$

問 55　（p 42）

通常は等号をタテに並べて計算しましょう。

(1)(2) 枠内の 1 行は慣れたら省いてｏｋ！

(1) $\dfrac{2}{3}+\dfrac{5}{6}=\boxed{\dfrac{2\times 2}{3\times 2}+\dfrac{5}{6}}=\dfrac{4}{6}+\dfrac{5}{6}=\dfrac{9}{6}=\dfrac{3}{2}$

(2) $\dfrac{5}{6}+\dfrac{2}{9}=\boxed{\dfrac{5\times 3}{6\times 3}+\dfrac{2\times 2}{9\times 2}}=\dfrac{15}{18}+\dfrac{4}{18}=\dfrac{19}{18}$

(3) $\dfrac{1}{12}+\dfrac{1}{4}=\dfrac{1}{12}+\dfrac{3}{12}=\dfrac{4}{12}=\dfrac{1}{3}$

(4) $\dfrac{2}{15}+\dfrac{7}{12}=\dfrac{8}{60}+\dfrac{35}{60}=\dfrac{43}{60}$

(5) $\dfrac{3}{14}+\dfrac{2}{35}=\dfrac{15}{70}+\dfrac{4}{70}=\dfrac{19}{70}$

(6) $\dfrac{4}{20}+\dfrac{2}{15}=\dfrac{12}{60}+\dfrac{8}{60}=\dfrac{20}{60}=\dfrac{1}{3}$

問 56　（p 43）

(1) $\dfrac{2}{3}-\dfrac{5}{9}=\dfrac{6}{9}-\dfrac{5}{9}=\dfrac{1}{9}$

(2) $\dfrac{3}{2}-\dfrac{5}{6}=\dfrac{9}{6}-\dfrac{5}{6}=\dfrac{4}{6}=\dfrac{2}{3}$

(3) $\dfrac{13}{15}-\dfrac{2}{3}=\dfrac{13}{15}-\dfrac{10}{15}=\dfrac{3}{15}=\dfrac{1}{5}$

(4) $\dfrac{5}{12}-\dfrac{3}{8}=\dfrac{10}{24}-\dfrac{9}{24}=\dfrac{1}{24}$

(5) $\dfrac{7}{6}-\dfrac{15}{18}=\dfrac{21}{18}-\dfrac{15}{18}=\dfrac{6}{18}=\dfrac{1}{3}$

(6) $\dfrac{7}{12}-\dfrac{9}{20}=\dfrac{35}{60}-\dfrac{27}{60}=\dfrac{8}{60}=\dfrac{2}{15}$

問 57

(1) $\dfrac{3}{4}-\dfrac{5}{8}+\dfrac{3}{5}=\dfrac{6}{8}-\dfrac{5}{8}+\dfrac{3}{5}=\dfrac{1}{8}+\dfrac{3}{5}$
$\phantom{(1) \dfrac{3}{4}-\dfrac{5}{8}+\dfrac{3}{5}}=\dfrac{5}{40}+\dfrac{24}{40}=\dfrac{29}{40}$

(2) $\dfrac{7}{6}-\left(\dfrac{5}{9}-\dfrac{7}{18}\right)=\dfrac{7}{6}-\left(\dfrac{10}{18}-\dfrac{7}{18}\right)$
$\phantom{(2) \dfrac{7}{6}-\left(\dfrac{5}{9}-\dfrac{7}{18}\right)}=\dfrac{7}{6}-\dfrac{3}{18}$
$\phantom{(2) \dfrac{7}{6}-\left(\dfrac{5}{9}-\dfrac{7}{18}\right)}=\dfrac{21}{18}-\dfrac{3}{18}=\dfrac{18}{18}=1$

問58 (p 44)

(1) $1 - \dfrac{2}{5} = \dfrac{1}{1} - \dfrac{2}{5} = \dfrac{5}{5} - \dfrac{2}{5} = \dfrac{3}{5}$

(2) $0.8 + \dfrac{4}{3} = \dfrac{8}{10} + \dfrac{4}{3} = \dfrac{4}{5} + \dfrac{4}{3} = \dfrac{12}{15} + \dfrac{20}{15} = \dfrac{32}{15}$

(3) $\dfrac{23}{4} - 3 = \dfrac{23}{4} - \dfrac{3}{1} = \dfrac{23}{4} - \dfrac{12}{4} = \dfrac{11}{4}$

(4) $\dfrac{11}{6} - 1.8 = \dfrac{11}{6} - \dfrac{18}{10} = \dfrac{11}{6} - \dfrac{9}{5} = \dfrac{55}{30} - \dfrac{54}{30} = \dfrac{1}{30}$

(5) $0.65 + \dfrac{7}{4} - 2 = \dfrac{65}{100} + \dfrac{7}{4} - \dfrac{2}{1}$
$= \dfrac{13}{20} + \dfrac{7}{4} - \dfrac{2}{1}$
$= \dfrac{13}{20} + \dfrac{35}{20} - \dfrac{40}{20} = \dfrac{8}{20} = \dfrac{2}{5}$

(6) $\dfrac{3}{2} - 1 + 0.125 = \dfrac{3}{2} - \dfrac{2}{2} + \dfrac{125}{1000} = \dfrac{1}{2} + \dfrac{1}{8}$
$= \dfrac{4}{8} + \dfrac{1}{8} = \dfrac{5}{8}$

5で繰り返し約分していけば大丈夫！

問59 (p 45)

今後は，問題の式で直接約分してｏｋ！ (2) の枠内の１行は通常書かない。

(1) $\dfrac{2}{3_1} \times \dfrac{3^1}{5} = \dfrac{2}{5}$

(2) $\dfrac{4}{7} \times \dfrac{2}{3} = \dfrac{4 \times 2}{7 \times 3} = \dfrac{8}{21}$

(3) $\dfrac{1}{12_4} \times \dfrac{15^5}{2} = \dfrac{5}{8}$

(4) $\dfrac{3^1}{4} \times \dfrac{5}{9_3} = \dfrac{5}{12}$

(5) $\dfrac{21^3}{32_4} \times \dfrac{24^3}{49_7} = \dfrac{9}{28}$

(6) $\dfrac{12^2}{35_5} \times \dfrac{7^1}{18_3} = \dfrac{2}{15}$

(7) $\dfrac{3^1}{49_7} \times \dfrac{22^2}{6_2} \times \dfrac{14^2}{11_1} = \dfrac{2 \times 2}{7 \times 2} = \dfrac{2}{7}$

(8) $\dfrac{10^1}{27_3} \times \dfrac{3}{20_2} \times \dfrac{9^1}{4} = \dfrac{3^1}{3_1 \times 2 \times 4} = \dfrac{1}{8}$

ココで全ての約分をすると，汚くなり見落としがでるので２回に分けてやるといいよ！

問60 (p 46)

(1) 枠内の１行は通常書かないでｏｋ！

(1) $3 \times \dfrac{9}{7} = \dfrac{3 \times 9}{7} = \dfrac{27}{7}$

(2) $9^3 \times \dfrac{7}{12_4} = \dfrac{21}{4}$

(3) $\dfrac{2}{15_3} \times 5^1 = \dfrac{2}{3}$

(4) $27^3 \times \dfrac{7}{18_2} = \dfrac{21}{2}$

(5) $\dfrac{2}{21_3} \times 49^7 = \dfrac{14}{3}$

(6) $0.7 \times \dfrac{15}{14} = \dfrac{7^1}{10_2} \times \dfrac{15^3}{14_2} = \dfrac{3}{4}$

(7) $\dfrac{5}{8} \times 0.4 = \dfrac{5^1}{8_2} \times \dfrac{4^1}{10_2} = \dfrac{1}{4}$

(8) $\dfrac{8}{3} \times 0.25 = \dfrac{8}{3} \times \dfrac{25^1}{100_4} = \dfrac{8^2}{3} \times \dfrac{1}{4_1} = \dfrac{2}{3}$

(9) $0.36 \times \dfrac{5}{9} = \dfrac{36^4}{100_{20}} \times \dfrac{5^1}{9_1} = \dfrac{4^1}{20_5} = \dfrac{1}{5}$

問61 (p 47)

(1) $\dfrac{4}{3} + \dfrac{5^1}{2_1} \times \dfrac{4^2}{15_3} = \dfrac{4}{3} + \dfrac{2}{3} = \dfrac{6}{3} = 2$

(2) $\dfrac{4}{27_3} \times 9^1 + \dfrac{7}{4} - \dfrac{1}{3} = \dfrac{4}{3} + \dfrac{7}{4} - \dfrac{1}{3} = \boxed{\dfrac{3}{3}} + \dfrac{7}{4}$
$= \boxed{\dfrac{4}{4}} + \dfrac{7}{4} = \dfrac{11}{4}$

∗ $\dfrac{3}{3} = 1 = \dfrac{4}{4}$

(3) $1.9 - \dfrac{6}{5} \times \left(\dfrac{3}{4} + \dfrac{5}{6}\right) = \dfrac{19}{10} - \dfrac{6}{5} \times \left(\dfrac{9}{12} + \dfrac{10}{12}\right)$
$= \dfrac{19}{10} - \dfrac{6^1}{5} \times \dfrac{19}{12_2}$
$= \dfrac{19}{10} - \dfrac{19}{10} = 0$

(4) $\left(\dfrac{5}{9} - \dfrac{1}{2}\right) \times 1.8 + \dfrac{3}{4} = \left(\dfrac{10}{18} - \dfrac{9}{18}\right) \times \dfrac{18}{10} + \dfrac{3}{4}$
$= \dfrac{1}{18} \times \dfrac{18}{10} + \dfrac{3}{4}$
$= \dfrac{1}{10} + \dfrac{3}{4}$
$= \dfrac{2}{20} + \dfrac{15}{20}$
$= \dfrac{17}{20}$

問 62 (p 48)

(1) $\dfrac{3}{4}$ の逆数 $\Rightarrow \dfrac{4}{3}$

(2) $2\dfrac{1}{5} = \dfrac{11}{5}$ の逆数 $\Rightarrow \dfrac{5}{11}$

問 63

(1) $\dfrac{3}{2} \div \dfrac{4}{5} = \dfrac{3}{2} \times \dfrac{5}{4} = \dfrac{15}{8}$

(2) $\dfrac{6}{25} \div \dfrac{8}{15} = \dfrac{\cancel{6}^{3}}{\cancel{25}_{5}} \times \dfrac{\cancel{15}^{3}}{\cancel{8}_{4}} = \dfrac{9}{20}$

(3) $4.8 \div \dfrac{3}{5} = \dfrac{\cancel{48}^{16}}{\cancel{10}_{2}} \times \dfrac{\cancel{5}^{1}}{\cancel{3}_{1}} = \dfrac{16}{2} = 8$

(4) $\dfrac{7}{12} \div \dfrac{2}{3} = \dfrac{7}{\cancel{12}_{4}} \times \dfrac{\cancel{3}^{1}}{2} = \dfrac{7}{8}$

(5) $32 \div \dfrac{8}{3} = \cancel{32}^{4} \times \dfrac{3}{\cancel{8}_{1}} = 12$

(6) $\dfrac{16}{33} \div \dfrac{8}{27} = \dfrac{\cancel{16}^{2}}{\cancel{33}_{11}} \times \dfrac{\cancel{27}^{9}}{\cancel{8}_{1}} = \dfrac{18}{11}$

問 64 (p 49)

(1) $13 = \dfrac{13}{1}$ の逆数 $\Rightarrow \dfrac{1}{13}$

(2) $2.7 = \dfrac{27}{10}$ の逆数 $\Rightarrow \dfrac{10}{27}$

問 65

(1) $\dfrac{8}{7} \div 4 = \dfrac{\cancel{8}^{2}}{7} \times \dfrac{1}{\cancel{4}_{1}} = \dfrac{2}{7}$

(2) $\dfrac{25}{9} \div 15 = \dfrac{\cancel{25}^{5}}{9} \times \dfrac{1}{\cancel{15}_{3}} = \dfrac{5}{27}$

(3) $\dfrac{21}{8} \div 14 = \dfrac{\cancel{21}^{3}}{8} \times \dfrac{1}{\cancel{14}_{2}} = \dfrac{3}{16}$

(4) $\dfrac{24}{35} \div 1.6 = \dfrac{24}{35} \div \dfrac{\cancel{16}^{8}}{\cancel{10}_{5}} = \dfrac{\cancel{24}^{3}}{\cancel{35}_{7}} \times \dfrac{\cancel{5}^{1}}{\cancel{8}_{1}} = \dfrac{3}{7}$

(5) $\dfrac{6}{5} \div 0.15 = \dfrac{6}{5} \div \dfrac{\cancel{15}^{3}}{\cancel{100}_{20}} = \dfrac{\cancel{6}^{2}}{\cancel{5}_{1}} \times \dfrac{\cancel{20}^{4}}{\cancel{3}_{1}} = 8$

(6) $\dfrac{36}{75} \div 1.02 = \dfrac{36}{75} \div \dfrac{\cancel{102}^{51}}{\cancel{100}_{50}} = \dfrac{36}{75} \times \dfrac{\cancel{50}^{2}}{\cancel{51}_{17}}$
$= \dfrac{\cancel{12}^{4}}{\cancel{3}_{1}} \times \dfrac{2}{17} = \dfrac{8}{17}$

補:どこで約分するかは,おまかせします!

問 66 (p 50)

(1) $\dfrac{8}{15} \div \dfrac{4}{3} \div \dfrac{2}{9} = \dfrac{\cancel{8}^{1}}{\cancel{15}_{5}} \times \dfrac{\cancel{3}^{1}}{\cancel{4}_{1}} \times \dfrac{9}{\cancel{2}_{1}} = \dfrac{9}{5}$

(2) $\dfrac{9}{14} \div \dfrac{18}{7} \times 4 = \dfrac{\cancel{9}^{1}}{\cancel{14}_{2}} \times \dfrac{\cancel{7}^{1}}{\cancel{18}_{2}} \times 4 = \dfrac{1}{4} \times 4 = 1$

(3) $\dfrac{5}{16} \div \dfrac{3}{4} \times \dfrac{1}{4} \div \dfrac{5}{8} = \dfrac{\cancel{5}^{1}}{\cancel{16}_{2}} \times \dfrac{\cancel{4}^{1}}{3} \times \dfrac{1}{\cancel{4}_{1}} \times \dfrac{\cancel{8}^{1}}{\cancel{5}_{1}} = \dfrac{1}{6}$

(4) $\dfrac{3}{4} \times \dfrac{2}{5} \div 6 \times \dfrac{8}{3} = \dfrac{\cancel{3}^{1}}{\cancel{4}_{1}} \times \dfrac{2}{5} \times \dfrac{1}{\cancel{6}_{1}} \times \dfrac{\cancel{8}^{2}}{3} = \dfrac{2}{15}$

(5) $\dfrac{5}{12} \div \dfrac{7}{8} \times \dfrac{28}{9} \times \dfrac{18}{35} = \dfrac{\cancel{5}^{1}}{12} \times \dfrac{8}{\cancel{7}_{1}} \times \dfrac{\cancel{28}^{4}}{\cancel{9}_{1}} \times \dfrac{\cancel{18}^{2}}{\cancel{35}_{7}}$
$= \dfrac{1}{\cancel{12}_{3}} \times \dfrac{8}{1} \times \dfrac{\cancel{4}^{1}}{1} \times \dfrac{2}{7} = \dfrac{16}{21}$

補:どこで約分するかは,おまかせします!

問 67 (p 51)

(1) $2 - 0.3 \div \dfrac{3}{2} \times 6 = 2 - \dfrac{\cancel{3}^{1}}{\cancel{10}_{5}} \times \dfrac{\cancel{2}^{1}}{\cancel{3}_{1}} \times 6$
$= 2 - \dfrac{1}{5} \times 6$
$= \dfrac{2}{1} - \dfrac{6}{5}$
$= \dfrac{10}{5} - \dfrac{6}{5} = \dfrac{4}{5}$

(2) $\dfrac{18}{5} \div 1.2 - 1.8 \times \dfrac{5}{6} = \dfrac{18}{5} \div \dfrac{12}{10} - \dfrac{18}{10} \times \dfrac{5}{6}$
$= \dfrac{\cancel{18}^{3}}{\cancel{5}_{1}} \times \dfrac{\cancel{10}^{2}}{\cancel{12}_{2}} - \dfrac{\cancel{18}^{3}}{\cancel{10}_{2}} \times \dfrac{\cancel{5}^{1}}{\cancel{6}_{1}}$
$= \dfrac{6}{2} - \dfrac{3}{2} = \dfrac{3}{2}$

(3) $1 - 4 \times \left(\dfrac{1}{2} + \dfrac{1}{8}\right) + \dfrac{1}{3} \times \left(6 + \dfrac{1}{4}\right)$
$= 1 - 4 \times \left(\dfrac{4}{8} + \dfrac{1}{8}\right) + \dfrac{1}{3} \times \left(\dfrac{24}{4} + \dfrac{1}{4}\right)$
$= 1 - 4 \times \dfrac{5}{8} + \dfrac{1}{3} \times \dfrac{25}{4}$
$= 1 - \cancel{4}^{1} \times \dfrac{5}{\cancel{8}_{2}} + \dfrac{25}{12}$
$= 1 - \dfrac{5}{2} + \dfrac{25}{12}$
$= \dfrac{12}{12} - \dfrac{30}{12} + \dfrac{25}{12} = \dfrac{7}{12}$

(4) $\dfrac{3}{4} + \left(\dfrac{5}{6} - \dfrac{3}{8}\right) \div 3.3 = \dfrac{3}{4} + \left(\dfrac{20}{24} - \dfrac{9}{24}\right) \div \dfrac{33}{10}$
$= \dfrac{3}{4} + \dfrac{\cancel{11}^{1}}{\cancel{24}_{12}} \times \dfrac{\cancel{10}^{5}}{\cancel{33}_{3}}$
$= \dfrac{3}{4} + \dfrac{5}{36}$
$= \dfrac{27}{36} + \dfrac{5}{36} = \dfrac{\cancel{32}^{8}}{\cancel{36}_{9}} = \dfrac{8}{9}$

(5) $\dfrac{7}{5} \div 0.4 + \dfrac{13}{4} - 1.4 \times \dfrac{5}{2}$

$= \dfrac{7}{5} \div \dfrac{4}{10} + \dfrac{13}{4} - \dfrac{\overset{7}{\cancel{14}}}{\underset{2}{\cancel{10}}} \times \dfrac{\cancel{5}}{\cancel{2}}^1$

$= \dfrac{7}{\cancel{5}_1} \times \dfrac{\cancel{10}^2}{4} + \dfrac{13}{4} - \dfrac{7}{2}$

$= \dfrac{14}{4} + \dfrac{13}{4} - \dfrac{7}{2}$

$= \dfrac{27}{4} - \dfrac{14}{4} = \dfrac{13}{4}$

復習5 比

問68 (p 52)
(1) $3:9 = 1:3$ (2) $15:9 = 5:3$
(3) $27:45 = 3:5$ (4) $0.6:0.8 = 6:8 = 3:4$
(5) 10倍して分母を払う。
　　$1.2 : \dfrac{1}{5} = 12 : 2 = 6 : 1$
(6) 2と7の最小公倍数14をかけて分母を払う。
　　$\dfrac{1}{2} : \dfrac{3}{7} = 7 : 6$

問69 (p 53)
(1) 前項同士比較　$8 \div 4 = 2$　→ $9 \times 2 = 18$
(2) 後項同士比較　$10 \div 2 = 5$　→ $7 \times 5 = 35$
(3) 前項同士比較　$4.5 \div 5 = 0.9$　→ $12 \times 0.9 = 10.8$
(4) 「$3:6 = 6:\Box$」と考え，
　　前項同士比較$6 \div 3 = 2$　→ $6 \times 2 = 12$
(5) 「$36:12 = \Box : 24$」と考え，
　　後項同士比較$24 \div 12 = 2$　→ $36 \times 2 = 72$
(6) 「$7:6 = \Box : 4.2$」と考え，
　　後項同士比較$4.2 \div 6 = 0.7$　→ $7 \times 0.7 = 4.9$

問70 (p 54)
このような問題は，つぎの様に訳して考える。
(1) 訳文「4500円を5（＝3＋2）等分して，3個と2個に分けたときの各金額はいくら？」

兄：$\dfrac{4500}{5} \times 3 = 900 \times 3 = 2700$

弟：$\dfrac{4500}{5} \times 2 = 900 \times 2 = 1800$

　　　　　　よって，兄：2700円　弟：1800円
補：兄または弟の金額を求め，4500円から引いても問題なし！

(2) 訳文「4500円を9（＝4＋3＋2）等分して，4個と3個と2個に分けたときの各金額はいくら？」

姉：$\dfrac{4500}{9} \times 4 = 500 \times 4 = 2000$

兄：$\dfrac{4500}{9} \times 3 = 500 \times 3 = 1500$

弟：$\dfrac{4500}{9} \times 2 = 500 \times 2 = 1000$

　　　　よって，姉：2000円　兄：1500円　弟：1000円
補：3人のうち2人を求め，4500円から引いても問題なし！

問71 (p 55)　[比の値＝（前項）÷（後項）]
(1) $9 \div 3 = 3$

(2) $1.2 \div 1.6 = \dfrac{12}{10} \div \dfrac{16}{10} = \dfrac{12}{10} \times \dfrac{10}{16} = \dfrac{3}{4}$

(3) $0.06 \div 2.1 = \dfrac{6}{100} \div \dfrac{210}{100} = \dfrac{6}{100} \times \dfrac{100}{210} = \dfrac{1}{35}$

(4) $\dfrac{3}{7} \div \dfrac{9}{14} = \dfrac{3}{7} \times \dfrac{14}{9} = \dfrac{2}{3}$

問72
(1) Bが基準。Bを1とするとAは1の1.2倍。
　　　　よって，$A : B = 1.2 : 1 = 12 : 10 = 6 : 5$

(2) Bが基準。Bを1とするとAは1の$\dfrac{3}{4}$倍。
　　　　よって，$A : B = \dfrac{3}{4} : 1 = 3 : 4$

(3) Bが基準。Bを1とするとAは1の$\dfrac{2}{7}$倍。
　　　　よって，$A : B = \dfrac{2}{7} : 1 = 2 : 7$

(4) Bが基準。Bを1とするとAは1の2.4倍。
　　　　よって，$A : B = 2.4 : 1 = 24 : 10 = 12 : 5$

復習6　割合

問73　(p 56)

(1) 訳文「350 g を100等分したうちの25個が食塩です」

式：$\dfrac{350}{100} \times 25 = \dfrac{350 \times 25}{100} = \dfrac{8750}{100} = 87.5$

よって，食塩は 87.5 g

(2) 訳文「45人を100等分したうちの60個が女子です」

式：$\dfrac{45}{100} \times 60 = \dfrac{45 \times 6}{10} = \dfrac{270}{10} = 27$

よって，女子は 27 人

(3) 訳文「200人を100等分したうちの75個が乗っている人数です」

式：$\dfrac{200}{100} \times 75 = 2 \times 75 = 150$

よって，乗っている人数は 150 人

問74　(p 57)

(1)「食塩水150 g (= 135 + 15) の 1 g 中に含まれる食塩を100個集めたモノ！」

式：$\dfrac{15}{150} \times 100 = 10$

よって，10%の食塩水

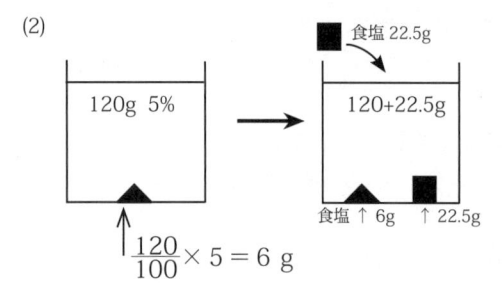

(2)

食塩 22.5g

120g　5%　→　120+22.5g

食塩 ↑6g　↑22.5g

$\dfrac{120}{100} \times 5 = 6$ g

式：$\dfrac{6 + 22.5}{120 + 22.5} \times 100 = \dfrac{28.5}{142.5} \times 100$

$= \dfrac{285}{1425} \times 100$

$= \dfrac{19}{95} \times 100$

$= 0.2 \times 100 = 20$

よって，20%の食塩水

問75　(p 58)

(1) 3割2分5厘を厘で表すと，325厘。
また，1厘は1000分の1ゆえ「2400円を1000等分したうちの325個」が求める金額。

$\dfrac{2400}{1000} \times 325 = \dfrac{24 \times 325}{10} = \dfrac{7800}{10} = 780$

よって，780 円

(2) 訳文「3700円の7割5分の金額」と考え，7割5分を75分とし，「3700を100等分したうちの75個」が求める金額。

$\dfrac{3700}{100} \times 75 = 37 \times 75 = 2775$

よって，2775 円

問76　(p 59)

(1) $\dfrac{132}{480} = 0.275 = 0.1 \times 2 + 0.01 \times 7 + 0.001 \times 5$

よって，2割7分5厘

(2) 値引きの金額が 2780 − 1807 = 973 より
値引きの割合は，

$\dfrac{973}{2780} = 0.35 = 0.1 \times 3 + 0.01 \times 5$　よって，3割5分

復習7　平均

問77　(p 60)

(1) (5 + 7 + 4 + 0 + 3 + 8) ÷ 6 = 27 ÷ 6 = 4.5

よって，月平均 4.5 冊

(2) 仮平均を142cmとして，各身長の差の平均を求めると，
(7 + 11 + 15 + 0 + 14 + 18 + 12) ÷ 7 = 77 ÷ 7 = 11
だから，142 + 11 = 153

よって，平均身長 153cm

補：仮平均を利用しない場合
(149 + 153 + 157 + 142 + 156 + 160 + 154) ÷ 7
= 1071 ÷ 7 = 153

よって，平均身長 153cm

復習 8　単位

問 78　(p 61)

(1) $0.2 \times 0.5 \times 0.1 = 0.01$　　　　よって，0.01㎥

　　$20 \times 50 \times 10 = 10000$　　　　よって，10000㎤

[別解]　㎥ ⇒ ㎤ に直接変換！

　　『㎥ × 100 × 100 × 100 ＝㎤』より

　　$0.01 \times 100 \times 100 \times 100 = 10000$　　10000㎤

(2) ここでは理解しやすいよう，式に単位を書き込んでいますが，実際の答案では書き込まない方が一般的です。

　　1㎤＝ 1mL,　　　　　　　よって，10000mL

　　1000㎤＝ 1 L より，

　　10000㎤÷ 1000㎤＝ 10　　　よって，10 L

　　1L ＝ 10dL より，

　　10dL × 10 ＝ 100　　　　　よって，100dL

[別解] または，100㎤＝ 1dL より，

　　10000㎤÷ 100㎤＝ 100　　　よって，100dL

(3) $2 \times 2 \times 2 = 8$ より，8㎤の容器ゆえ，

　　10000㎤÷ 8㎤＝ 1250　　　よって，1250 個

問 79　(p 62)

(1) （距離）÷（時間）＝（速さ）より，

　　$240 \div 4 = 60$　　　　　　よって，時速60km

(2) 分速における距離の単位は m,

　　だから，$72 \times 1000 = 72000$ より，72000m

　　$72000 \div 60 = 1200$　　　よって，分速1200m

　　1 分 ＝ 60 秒　1 分間に 1200m 進むことから

　　$1200 \div 60 = 20$　　　　　よって，秒速20m

問 80　(p 63)

(1) 分速は「1 分間に進む距離 (m)」

　　（速さ）×（時間）＝（距離），1km ＝ 1000m より，

　　$54 \times 42 \div 1000 = 2268 \div 1000 = 2.268$

　　　　　　　　　　　　　よって，2.268km

(2) 速さが時速ゆえ，分を時間に変換。

　　36 分→ $36 \div 60 = 0.6$ より，0.6 時間

　　だから，$72 \times 0.6 = 43.2$　　よって，43.2km

[別解] 1 分間に進む距離を求め，36 倍する。

　　$72 \div 60 \times 36 = 1.2 \times 36 = 43.2$

　　　　　　　　　　　　　よって，43.2km

問 81

(1) （距離）÷（速さ）＝（時間）

　　分速の距離の単位は m ゆえ，(km → m)

　　$6.12 \times 1000 \div 60 = 6120 \div 60 = 102$

　　　　　　　　　　　　　よって，102 分

(2) 時速が与えられているので，距離を km に変換して考える。

　　$21000 \div 1000 \div 15 = 21 \div 15 = 1.4 \ (= 1 + 0.4)$

　　また，0.4 時間を分に変換，$0.4 \times 60 = 24$（分）

　　　　　　　　　　　　　よって，1 時間 24 分

問 82

[秒速]　$100 \div 9.58 = 10.43\overset{4}{8}$

　　　　　　　　　　　　　よって，秒速10.44m

[分速]　$10.44 \times 60 = 626.4$

　　　　　　　　　　　　　よって，分速626.4m

[時速]　$626.4 \times 60 \div 1000 = 37.584$

　　　　　　　　　　　　　よって，時速37.58km

復習 9　平面図形

問 83　(p 65)

(1) 三角形の面積：（底辺）×（高さ）÷ 2

　　$6 \times 7 \div 2 = 21$　　　　よって，21㎠

(2) 平行四辺形の面積：（底辺）×（高さ）

　　$3 \times 3.2 = 9.6$　　　　　よって，9.6㎠

(3) 台形の面積：｛（上底）＋（下底）｝×（高さ）÷ 2

　　$(6 + 10) \times 7 \div 2 = 56$　　よって，56㎠

(4) 二つの三角形の高さの和は平行四辺形の高さと一致！

（大丈夫かな？　考えてくださいね！）

　　$12 \times 7 \div 2 = 42$　　　よって，42㎠

(5) まわりの長さ：$8 \times 2 \times 3.14 \div 4 + 8 \times 3.14 \div 2 + 8$

　　　　　　　　　$= 4 \times 3.14 + 4 \times 3.14 + 8$

　　　　　　　　　$= 8 \times 3.14 + 8 = 33.12$

　　　　　　　　　　　　　よって，33.12cm

面積を求める着眼点：半径 8cm の円の 4 分の 1 の面積から，半径 4cm の半円の面積を引く！

　　$8 \times 8 \times 3.14 \div 4 - 4 \times 4 \times 3.14 \div 2$

　　$= 8 \times 2 \times 3.14 - 4 \times 2 \times 3.14$

　　$= (16 - 8) \times 3.14$

　　$= 25.12$　　　　　　　　よって，25.12㎠

(6) 着眼点：1辺10cmの正方形の面積から，半径5cmの円の面積を引く！

$$10 \times 10 - 5 \times 5 \times 3.14 = 100 - 78.5 = 21.5$$

よって，21.5cm²

復習10　空間図形

問84（p 67）

(1) 直方体

(2) 上下の底面を除いた部分。

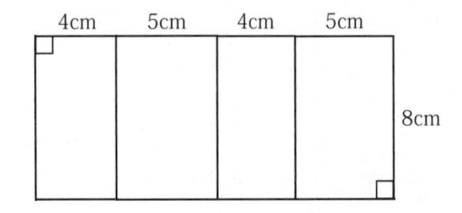

側面積：$8 \times (4 \times 2 + 5 \times 2) = 8 \times 18 = 144$

よって，144cm²

(3) 直方体の体積：（底面積）×（高さ）

$4 \times 5 \times 8 = 160$　　　　よって，160cm³

問85

名称：三角柱

体積：（底面積）×（高さ）より

$(3 \times 4 \div 2) \times 12 = 72$　　よって，72cm³

問86

(1) 円柱

(2) 側面の横は底面の円周と一致！　だから，

$12 \times 10 \times 3.14 = 376.8$　　よって，376.8cm²

(3) （底面積）×（高さ）より

$5 \times 5 \times 3.14 \times 12 = 942$　　よって，942cm³